BIMSpace
智慧建造系列

U0171741

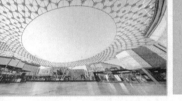

Revit

建筑方案与结构分析

2021版

郑贵超 编著

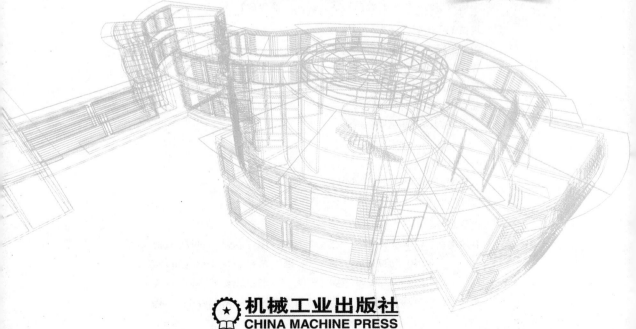

机械工业出版社
CHINA MACHINE PRESS

本书详细介绍了基于 Revit 2021、Naviate Revit Extensions 2021 插件（速博插件）、SSBIM 钢结构插件、Autodesk Robot Structural Analysis Professional 2021 及鸿业科技 BIMSpace 多款软件平台上关于建筑混凝土结构、建筑钢结构、结构钢筋布置和建筑结构分析等技术的相关行业应用。全书由浅入深、循序渐进地介绍了这些软件平台的基本操作及命令的使用方法，并配合大量的建筑工程项目设计与施工应用案例，帮助读者更好地掌握和巩固所学的 BIM 知识。

本书是面向实际应用的 Revit 软件操作与建筑专业技能图书，既可以用作各大高校、职业技术院校建筑和土木等专业的教学用书，也可以作为广大从事 BIM 工作的工程技术人员的参考手册。

图书在版编目（CIP）数据

Revit 建筑方案与结构分析：2021 版/郑贵超编著 . —北京：机械工业出版社，2021. 5

（BIMSpace 智慧建造系列）

ISBN 978-7-111-68014-7

Ⅰ. ①R… Ⅱ. ①郑… Ⅲ. ①建筑设计—计算机辅助设计—应用软件 Ⅳ. ①TU201. 4

中国版本图书馆 CIP 数据核字（2021）第 066477 号

机械工业出版社（北京市百万庄大街 22 号　邮政编码 100037）

策划编辑：丁　伦　责任编辑：丁　伦

责任校对：秦红喜

责任印制：李　昂

北京机工印刷厂印刷

2021 年 6 月第 1 版第 1 次印刷

185mm×260mm · 16 印张 · 396 千字

0001—1500 册

标准书号：ISBN 978-7-111-68014-7

定价：99. 90 元（附赠海量资源，含视频教学）

电话服务　　　　　　　　网络服务

客服电话：010 - 88361066　机　工　官　网：www. cmpbook. com

　　　　　010 - 88379833　机　工　官　博：weibo. com/cmp1952

　　　　　010 - 68326294　金　书　网：www. golden-book. com

封底无防伪标均为盗版　机工教育服务网：www. cmpedu. com

Preface 前 言

Autodesk 公司的 Revit 软件是一款三维参数化建筑设计软件，是有效创建建筑信息模型（Building Information Modeling，BIM）的设计工具。

Revit 2021 版软件在原有版本的基础上，添加了更多功能，并对一些工具的功能进行了完善，可以帮助设计者更加方便、快捷地完成设计任务。

Autodesk Robot Structural Analysis Professional 2021 结构分析软件是用于建模分析以及各种结构分析的单一集成软件。用户可在该软件中进行结构设计（或导入 Revit 结构模型）、运行结构分析及检验获得的结果等操作，并可执行相关的建筑规范以检验结构构件的计算，为已设计和计算的结构建立文档。

鸿业科技 BIMSpace 2021 是国内大型的 BIM 软件开发公司鸿业科技推出的三维协同设计软件，目前支持 Autodesk Revit 2016~2020 版本，是国内最早基于 Revit 的 BIM 解决方案软件之一。

本书内容

本书主要介绍 Revit 2021 软件在 BIM 建筑结构设计、结构分析和协同设计等方面的功能与应用，由浅入深、循序渐进地介绍了该软件的基本操作及命令的使用方法，并配合大量的制作实例，帮助用户更好地巩固所学知识。全书共 7 章，主要内容如下。

第 1 章：主要介绍 Revit 2021 软件的建筑结构设计入门知识。内容包括 Revit 2021 软件界面、工作平面、项目浏览器、视图操作、项目协作设计、模型控制柄与造型操纵柄的应用等。

第 2 章：主要介绍 Revit 模型族的创建与应用，以及与此相关的模型族族库插件。

第 3 章：主要介绍如何利用 Revit 2021 软件进行建筑结构设计，以某联排别墅项目 BIM 模型的创建流程作为主线，全面介绍 Revit 的结构设计功能。

第 4 章：以 Naviate Revit Extensions 2021 插件（速博插件）作为钢筋的主要设计与布置工具，介绍在建筑结构模型中如何布置柱筋、梁筋、板筋及墙筋等操作方法。

第 5 章：利用 Revit 2021 的结构设计工具和 SSBIM 钢结构插件工具进行全钢结构设计。钢结构设计属于建筑结构设计的一部分，本章重点介绍在 Revit 中门式钢结构厂房的设计方法。

第 6 章：首先在 Revit 软件中进行结构分析模型的准备操作，然后将分析模型传输到建筑结构分析软件 Autodesk Robot Structural Analysis Professional 2021（简称 Robot Structural Analysis 2021 或 Robot 2021）中进行结构分析，该软件可以帮助用户解决建筑结构性能问题。

第 7 章：使用基于 Revit 平台的鸿业科技 BIMSpace 2021 软件进行项目协同设计，展示了相关的规范检查、净高分析及性能分析等操作方法，帮助用户在结构设计和建筑设计过程中及时发现和解决问题。

本书特色

本书是指导读者学习 Revit 2021、Autodesk Robot Structural Analysis Professional 2021、SS-BIM 钢结构插件和鸿业 BIMSpace 2021 等多款软件进行建筑结构设计、结构分析及协同设计的实训教程。书中详细介绍了 BIM 系列相关软件的强大建模功能和专业知识的应用，主要特色如下。

- 采用由浅入深的内容展示流程，从软件界面开始，将软件的基本操作、模块操作及行业应用全部收录。
- 涵盖建筑结构设计、钢筋设计与布置、钢结构设计、结构分析及项目协同设计等领域。
- 展现数十个典型实用案例、全程案例教学视频，助力读者能力提升。
- 提供众多技术要点与提示，快速提升读者软件操作技能。
- 附赠资源中包含所有上机操作和实战案例的模型文件，以及软件实操的演示视频。

本书以 BIM 建筑结构设计工程师、大学教育专家和建筑软件开发公司为技术支撑，特别是得到了北京鸿业同行科技有限公司（鸿业科技分公司之一）的大力帮助，为企业相关技术人员、广大 BIM 软件爱好者，以及大中专院校相关专业师生提供了实用的软件技术和职业技能知识辅导。本书是面向实际应用的 BIM 图书，全书由淄博职业学院郑贵超编写，共约 40 万字。此外，全书参与案例测试和素材整理的专家审核团队还涉及 BIM 相关工程师、技术人员，以及大学教育专家等人员，力求保持体系的完整性、内容的专业性，以及案例的实践性。

感谢您选择了本书，希望我们的努力对您的工作和学习有所帮助，也希望您能够把对本书的意见和建议告诉我们（可扫描封底二维码，获取本书配套资源下载链接）。

编　者

Contents 目录

第 1 章

Revit 2021 建筑结构设计入门

 本章导读 《《 ·····

初学 Revit 的读者，可能会被一些 BIM 宣传资料误导，以为 Revit 就是 BIM。本章将阐明 BIM 和 Revit 的关系，并详细介绍了 Revit 2021 软件的结构设计工作界面和进行结构设计之前的入门准备知识。

 案例展现 《《 ·····

案 例 图	描 述
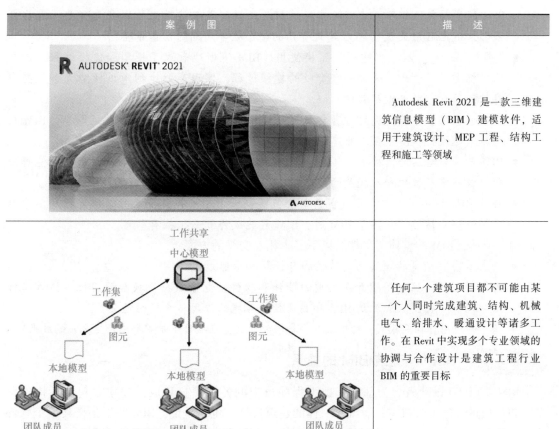	Autodesk Revit 2021 是一款三维建筑信息模型（BIM）建模软件，适用于建筑设计、MEP 工程、结构工程和施工等领域
	任何一个建筑项目都不可能由某一个人同时完成建筑、结构、机械电气、给排水、暖通设计等诸多工作。在 Revit 中实现多个专业领域的协调与合作设计是建筑工程行业 BIM 的重要目标

1.1 建筑 BIM 与 Revit 概述

建筑信息模型（Building Information Modeling，BIM）以建筑工程项目的各项相关信息数据作为模型的基础，进行建筑模型的建立，通过数字信息仿真模拟建筑物所具有的真实信息。

1.1.1 BIM 技术的应用

BIM 技术是一种应用于工程设计建造管理的数据化工具，通过参数模型整合各种项目的相关信息，在项目策划、运行和维护等全生命周期进行共享和传递，使工程技术人员对各种建筑信息做出正确理解和高效应对，为设计团队以及包括建筑运营单位在内的各方建设主体提供协同工作的基础，在提高生产效率、节约成本和缩短工期方面发挥重要作用。

虽然没有公认的 BIM 定义，但大部分相关资料都对"BIM 是什么"的问题给出了相似的答案。新领域和新的前沿因素不断地扩充 BIM 的内涵，尽管如此，业界仍然给出了一些典型的定义，需要明确强调说明以下几点。

- "设施""资产"以及"项目"等词汇的使用主要为区别于在建筑信息模型中的词汇"建筑"的概念。为了避免在动词"建筑"与名词"建筑"之间产生概念的混淆，许多组织都使用"设施""项目"或"资产"等词汇代替"建筑"。
- 更多地关注词汇"模型"或者"建模"，而不是"信息"，这样会比较合理。有关 BIM 的资料文件都强调建模所捕获的信息比模型或者建筑工作本身更重要，有些专家形象地把 BIM 定义为"在建筑资产的整个生命周期的信息管理"。
- "模型"通常可以与"建模"互换使用。BIM 清晰地表现了模型和建模过程，但最终目标远不止于此。通过一个有效的建模过程，实现高效地利用该模型（和模型中存储的信息）才是最终目的。
- BIM 也应用于建筑环境的所有要素（新建的和已有的）。在基础设施范围中，BIM 应用越来越流行，BIM 在工业建筑中的应用早于在建筑物中的使用。
- BIM 是否与信息通信技术（ICT）或者软件技术相关？此技术是否已经成熟到能够使用户仅注重与过程和人相关的问题？
- 强调 BIM 的共享非常重要。当整个价值链包含 BIM，并且技术、工作流程和实践都已经能够支持协作与共享 BIM 时，BIM 可能成为"必须拥有"。

综上所述，BIM 的整体定义涉及以下三个相互交织的方面。

- 模型本身（项目物理及功能特性的可计算表现形式）。
- 开发模型的流程（用于开发模型的硬件和软件、电子数据交换和互用性、协作工作流程以及项目团队成员就 BIM 和共有数据环境的作用与责任的定义）。
- 模型的应用（商业模式、协同实践、标准和语义，在项目生命周期中产生真正的成果）。

1.1.2 Revit 与建筑 BIM 的关系

BIM 是以 3D 设计概念为基础，把工程项目中的各项信息集成，并建立起包括构件信息、项目质量、进度、成本、运维于一体的建筑模型，也就是说，BIM 并不是指某一个软件或单一的项目，而是整个建筑项目从立项到最终项目完成并交付的建筑生命周期。

Revit 仅仅是整个建筑生命周期中的一个实现 BIM 理念的工具。Revit 具有 3D 可视化设计能力，可建立 3D 建筑模型，能反映项目各阶段的进度与成本，方便进行协调和管理。

1. Revit 的优势特点

Revit 作为目前 BIM 设计软件中建筑设计方面的常用软件，具有可视化、协调性、模拟性、优化性和可出图性强等特点。

在应用 Revit 设计过程中，二维设计向三维动态可视化设计转变，数据库替代传统二维 CAD 设计通过向业主提供平面图、立面图、剖面图、详图，以及设计说明、材料表等设计图纸方式传递和提交设计成果。

Revit 在协同设计上为各专业提供了一个工作平台，各专业可以在同一软件平台上进行三维协同设计，但是由于与我国市场的设计需求尚有较大的差距，目前除了建筑专业之外，其他专业因一些基本需求没有达到要求而很少使用。

BIM 是 Autodesk 公司开发 Revit 软件的根本目的，也是相对于二维设计的一次变革。它试图将所有与建筑相关的信息都集中在一份文件中，包括建筑、结构、水、暖、电，不管在设计阶段、施工阶段还是运营阶段，这些信息都能根据需要进行修改调整，保持持续更新。传统设计中的蓝图和洽商（即沟通协商）分离的状态可以得以整合，而建筑的改造也会直接以最新一版图纸作为设计的基础，不用花大量时间重新核对旧图与大量洽商单。这对于所有相关行业来讲，是一个很大的优势。但是，要做到这一点，理论上就要求 BIM 模型最大可能地包括所有信息，换句话说，各专业设计人员要将全部内容表达出来，在施工过程中，任何一项洽商都需要在同一模型中修改。

2. Revit 在施工图中的应用

下面用一个工程的实际案例进行剖析。大多数人刚开始接触 Revit 软件时，会对它持怀疑态度，例如，功能强大的软件应用起来是不是更麻烦，学习过程是不是很艰难。

（1）三维建模

三维建模是施工图设计最关键的任务。用户希望应用 Revit 准确描述三维形体和空间，并转换成二维图形语言进行准确定位，利用 BIM 可提高工作效率，便于修改，减小工作强度。首先明确工作思路：将复杂任务依据一个统一的逻辑结构进行拆分，分解为几个中等难度的工作包；继续向深度扩展，形成金字塔式的树状逻辑结构，将中等难度工作包细化为很多个简单工作，并规范化一系列简单动作，用以保证简单工作的完成质量；依照逻辑结构逆向组合工作成果，最终得到解决方案。

具体分为以下几个步骤：第一步，参照一般施工中混凝土模板的尺寸，采用 2m × 2m 的格网轴线，作为整个建筑平面及空间的基本定位尺度，所有的定位都与这套轴网发生关系；第二步，将垂直墙体和曲面屋顶分离开，分别由不同的人去完成；第三步，将曲面屋顶按一定规律继续分解，逐个建模，再重新拼装，完成整个模型，如图 1-1 所示。

图 1-1　复杂的曲面模型被拆分为多个基本的单元构件

（2）曲面屋顶及三维空间曲梁

首先分解工作模型。先依照结构变形缝将较长的屋面一分为二，形成东、西两区，再按照形体分合的变化不同，分解为一个个单独的曲面屋顶，最后将独立出来的曲面屋顶解体成为基本的结构构件——主梁、次梁、板、女儿墙和架空屋面板。复杂的曲面模型即被彻底拆分为多个基本的单元构件了。

在分解模型之后，对基本单元构件进行分区定义和编号分组。编号是在轴线这个基本逻辑层面下增设的一个附属逻辑，这项工作步骤确立本案例每一个基本构成元素的唯一性和空间确定性，以便以后进行工作成果的检查与修改。将全部构成元素列成一个完整的表格，在表格中可以看到每一个元素的制作负责人、完成程度、区域位置以及难度。小组的每个模型制作成员手中都有一张分区组合图，这就相当于一份地图。这份地图清晰地量化出这项复杂的建模工作如何分工，每人的工作量是多少，如何组合已建成的模块，工程做到什么位置了，还差哪些区域，哪里出现问题，每个构件需要花多长时间，还需要多长时间等。同时，这种工作方法还有一个好处，就是当我们面对一个个基本模块时，初次看到整体复杂形体时的恐惧感消失了，取而代之的是思考如何制作这些难度不一的元素。一个一个地完成基本元素的模型制作，如果碰到非常复杂但又无法继续拆解的单元（例如井字梁和漏斗），就把这个困难的构建建模传到 Autodesk 技术部门，请他们想办法共同解决。这里可以看到任务拆分的另一个好处——便于工作外包。

接下来可以依据分区图制作基本构件，具体步骤如下。

- 以方案模型为基础，切取截面并描绘。
- 根据构件编号，以曲面截面为基础逐一制作构件曲面。
- 将曲面导入 Project 环境并根据统一的坐标网格定位。
- 根据每个构件性质，赋予它们梁板柱的特性，并将墙体附着在屋面上。

在建模过程中可能会遇到许多困难。其中难度最大的有三块：一是接待大厅屋面井字梁，二是回程部分的院落"漏斗"，三是空间曲梁。在井字梁的制作过程中，解决撕裂的曲面、在接触点保持曲率一致、应用 UV 线进行分割和调整、制作族文件并应用于曲面，耗费了很多时间。同样，漏斗的制作也很费劲，尤其是分解制作不同曲率的曲面、将族文件的模块赋予到曲面上并相互连接顺畅时，需要反复尝试许多遍。空间曲梁相对较容易一些，因为它的生成依赖于曲面屋顶，梁顶与屋面顶标高相同，因此提取已生成的屋面构件，在平面内找出梁的中心线，以柱子的中点为梁的两端点（梁柱居中的情况下），梁投影在空间的端点由此确定，在屋面构件的空间平面内用连续的点连接生成空间多异线，根据结构高度，沿着 z 轴方向复制梁的实际高度，连接两条多异线围合的线框，生成曲梁的中心截面，导入到 Revit 模型内，给梁的厚度赋值，便生成了空间曲梁，如图 1-2 所示。

在墙体、楼梯和窗户建模方面，Revit 几乎没有什么障碍，其常规构件库

图 1-2　完成的效果符合设计要求

已经非常丰富了。垂直墙体的高度、厚度可以通过参数驱动进行修改，并具有延伸、倒角功能。楼梯的参数设置很细，踏步、栏杆、扶手等都能方便快速地建起来。唯一的难度在于，像洞窟这样具有弧形倒角的外龛和窗户，需要专门制作相应的族文件。一旦把族文件做好，即可在不同位置和高度安插到墙体，并可通过参数改变窗洞的大小和比例，非常方便。

（3）定位

为曲面屋面板、曲梁、任意断面进行空间定位的问题，是 Revit 未能解决的问题。事实上我们利用了 Rhino 结合 Grasshopper 脚本，才完成了最后的空间定位工作，解决问题的关键在于插件 Grasshopper 脚本，由于所有的空间定位都是依靠编排好的脚本来进行计算的，计算脚本完全因结构构件类型而异，因此必须先编排好脚本，由脚本计算出结构构件的三维定位，之后才能够向结构专业提供图纸。

定位具体步骤如下。

1）提取 Revit 中需要定位的结构构件，导出 CAD 格式文件。

2）在 Rhino 中导入 CAD 文件，在 Grasshopper 窗口环境下，由已编排好的脚本计算空间定位点的高度。

3）在 Rhino 中导出 CAD 格式的文件。

所有平面定位都是以 $2m \times 2m$ 网格为基础的，因此空间定位点也以此为依据，从而形成 $2m \times 2m \times 2m$ 的空间网格坐标系统（涵盖建筑整体），所有结构构件如异形屋面板、曲梁等均置于这个空间网格中，定位点投影在网格的坐标都是 (x,y,z) 的模式，x 与 y 方向上的间距均为 $2m$，z 方向上的高度在 Rhino 中由 Grasshopper 计算得出，定位问题就此完成。定位的精准度完全依赖于选取的网格坐标，网格单位越小，则定位越精准，尤其对于形体比较复杂的建筑来说，定位点越多，越有利于施工，完成的效果自然越符合设计要求。

（4）二维图纸生成

在传统的二维设计中，平、立、剖面图往往是分开画的。画剖面的时候，要把平面图转来转去，上下对位才能画出剖面图。当建筑空间复杂，层数很多时，很容易出错。最麻烦的是当所有的图纸基本完成后，如果需要修改平面，则还得花大量时间重新对位，修改剖面，同时相关的标注、文字、节点详图都要修改。在 Revit 中，所有的平面、立面、剖面、详图、尺寸标注都与三维模型紧密关联，模型的任何地方发生修改，所有图纸全部自动更新，这样不仅能节省大量时间，大大提高效率，还不会遗漏修改。在本项目中，由于曲面屋顶的变化丰富，在任意一处的剖面都不一样，事先也不能完全确定需要剖切的位置，因此这种关联的优势更加突显。用户只需要做好关联的设置，即可放心地进行模型的修改。

比较遗憾的是，由于模型中不同构件，如屋面板和墙体属性不同，不能很好地倒角相交，使得生成的剖面图不太符合我国的制图标准，而且目前软件的本土化程度还远远不够，最后不得不回到 CAD 中，将图纸重新整理输出。

1.1.3　Revit 2021 软件与界面介绍

Autodesk Revit 2021 是一款三维建筑信息模型建模软件，适用于建筑设计、MEP 工程、结构工程和施工领域。

1. Revit 2021 软件组成

Revit 软件是由 Revit Architecture（建筑）、Revit Structure（结构）、Revit MEP（设备）、

Revit 钢结构及 Revit 预制五款软件组合成一个操作平台的综合建模软件。这五款软件集成在 Revit 2021 软件界面的功能区中，形成 5 个选项卡：【建筑】选项卡、【结构】选项卡、【钢】选项卡、【预制】选项卡和【系统】选项卡，如图 1-3 所示。

图 1-3　Revit 2021 功能区中的 5 个选项卡

Revit Structure 模块用于完成建筑项目第一阶段结构设计，如图 1-4 所示。建筑结构主要表达房屋的骨架构造的类型、尺寸、使用材料要求和承重构件的布置与详细构造。Revit Structure 可以出结构施工图图纸和相关明细表。Revit Structure 和 Revit Architecture 在各自建模过程中是可以相互使用的，可以在结构中添加建筑元素，或者在建筑设计中添加结构楼板、结构楼梯等结构构件，因此这两个模块处于完成建筑项目的第一和第二阶段。

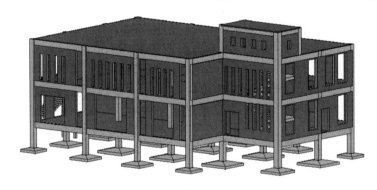

图 1-4　某建筑结构

Revit MEP 模块用于完成建筑项目第三阶段的系统设计、设备安装与调试。了解清楚这 3 个模块的各自用途和建模的先后顺序，在建模时就不会不知从何着手了。

Revit 钢结构模块是用于建筑钢结构、钢混结构设计与建造的功能模块，目前该模块在设计功能方面还有待改善，主要问题在于钢结构的节点少，不符合国标，且操作性较弱，无法满足项目需求。

Revit 预制模块是 Revit 2021 软件中新增的功能模块，主要用于装配式建筑设计，是建筑虚拟建造的强力设计工具。

2. Revit 2021 结构设计界面

Revit 2021 界面是模块三合一的简洁型界面，通过功能区进入不同的选项卡。Revit 2021 界面包括主页界面和工作界面。

（1）Revit 2021 主页界面

启动 Revit 2021 会打开如图 1-5 所示的主页界面。Revit 2021 的主页界面保留了 Revit 2019 版本的【模型】和【族】的创建入口功能。

主页界面的左侧区域中包括两个选项组：【模型】和【族】，下面是两个选项组的基本功能。

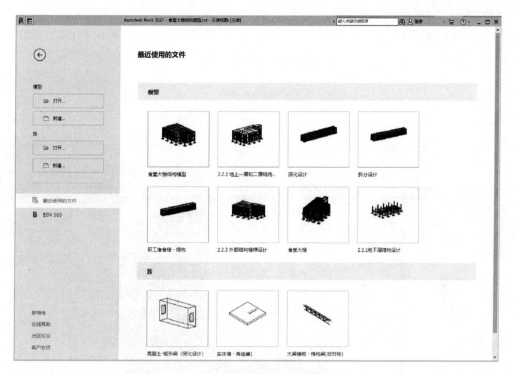

图 1-5　Revit 2021 主页界面

　　在右侧区域的【模型】列表和【族】列表中，用户可以选择 Revit 提供的项目文件或族文件，进入到工作界面中进行模型学习和功能操作。

- 【模型】组："模型"是指建筑工程项目的模型，要建立完整的建筑工程项目，就要开启新的项目文件或者打开已有的项目文件进行编辑。【模型】组的选项用于打开或创建项目文件，以及选择和打开 Revit 提供的样板文件进入工作界面的入口工具。单击【新建】按钮，弹出【新建项目】对话框，如图 1-6 所示。在对话框的【样板文件】列表中提供了若干样板，用于不同的规程和建筑项目类型，如图 1-7 所示。

图 1-6　【新建项目】对话框

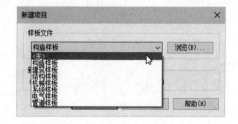

图 1-7　Revit 模型样板

- 【族】组："族"是一个包含通用属性（称作参数）集和相关图形表示的图元组，常见的族包括家具、电器产品、预制板、预制梁等。在【族】组中，包括【打开】和【新建】两个引导功能。单击【新建】按钮，弹出【新族 - 选择样板文件】对话框。通过此对话框选择合适的族样板文件，可以进入到族设计环境中进行族的设计。

（2）Revit 2021 结构设计界面

在主页界面的【模型】组中选择一个模型样板或新建模型样板，进入到 Revit 2021 工作界面中，图 1-8 为打开一个建筑项目后的工作界面。

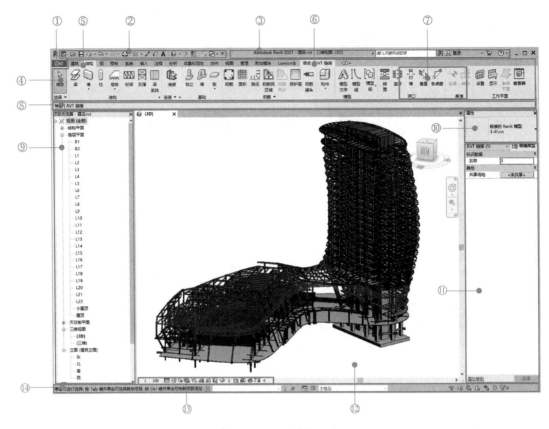

图 1-8　Revit 2021 结构设计界面

图 1-8 中的界面元素介绍如下。①应用程序菜单。②快速访问工具栏。③信息中心。④功能区。⑤选项卡。⑥上下文选项卡。⑦面板。⑧选项栏。⑨项目浏览器。⑩类型选择器。⑪【属性】选项板。⑫绘图区。⑬视图控制栏。⑭状态栏。

1.2　Revit 工作平面

要想在 Revit 三维空间建立建筑模型，就必须先了解什么是工作平面。对于已经使用过三维建模软件的读者，"工作平面"不难理解，本节我们将介绍工作平面在建模过程中的作用及设置方法。

1.2.1　工作平面的定义

工作平面是在三维空间中建模时用作绘制起始图元的二维虚拟平面，如图 1-9 所示。工作平面也可以作为视图平面，如图 1-10 所示。

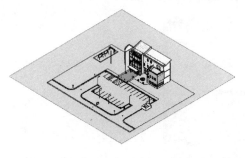

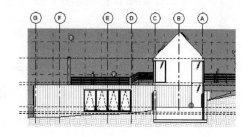

图 1-9　用作绘制起始图元的工作平面　　　　　图 1-10　用作视图平面的工作平面

创建或设置工作平面的工具位于【建筑】选项卡或【结构】选项卡下的【工作平面】面板中，如图 1-11 所示。

图 1-11　【工作平面】面板

1.2.2　设置工作平面

Revit 中的每个视图都与工作平面相关联。例如，平面视图与标高相关联，标高为水平工作平面，如图 1-12 所示。

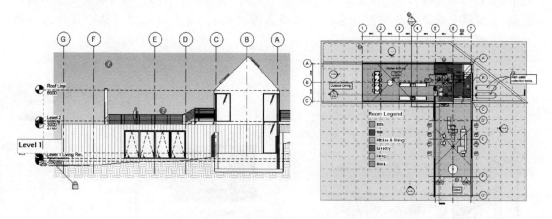

图 1-12　平面视图与标高相关联

在某些视图（如平面视图、三维视图和绘图视图）以及族编辑器的视图中，工作平面是自动设置的。在立面视图、剖面视图中，则必须设置工作平面。

在【工作平面】面板中单击【设置】按钮，打开【工作平面】对话框，如图 1-13 所示。

【工作平面】对话框的顶部信息显示区域显示当前的工作平面基本信息。用户还可以通过【指定新的工作平面】选项组中的 3 个子选项来定义新的工作平面。

图 1-13 【工作平面】对话框

- 名称：可以从右侧的列表中选择已有的名称作为新工作平面的名称。通常，此列表中包含标高名称、网格名称和参照平面名称。

> **技术要点**　即使尚未选择【名称】选项，该列表也处于活动状态。如果从列表中选择名称，Revit 会自动选择【名称】选项。

- 拾取一个平面：选择此选项，可以选择建筑模型中的墙面、标高、拉伸面、网格和已命名的参照平面作为要定义的新工作平面。图 1-14 中选择了屋顶的一个斜平面作为新工作平面。

> **技术要点**　如果选择的平面垂直于当前视图，会打开【转到视图】对话框，可以根据自己的选择，确定要打开哪个视图。例如，选择北向的墙，则可在对话框上面的窗格中选择平行视图（东立面或西立面视图），或在下面的窗格中选择三维视图，如图 1-15 所示。

图 1-14 选择斜顶屋面作为工作平面

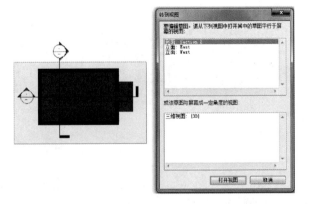

图 1-15 选择与当前视图垂直的工作平面

- 拾取线并使用绘制该线的工作平面：可以选取与线共面的工作平面作为当前工作平面。例如，选取如图 1-16 所示的模型线，模型线是在标高 1 层面上进行绘制的，所以标高 1 层面将作为当前工作平面。

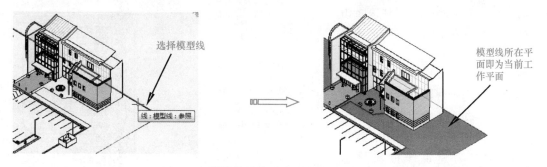

图 1-16　拾取线并使用绘制该线的工作平面

1.2.3　显示、编辑与查看工作平面

工作平面在视图中显示为网格，如图 1-17 所示。

图 1-17　显示工作平面

1. 显示工作平面

若要显示工作平面，则在功能区【建筑】选项卡、【结构】选项卡或【系统】选项卡下的【工作平面】面板中单击【显示】按钮 即可。

2. 编辑工作平面

工作平面是可以编辑的，可以修改其边界大小、网格大小。

1.3　项目浏览器与视图操作

Revit 模型视图是建立模型和设计图纸的重要参考。可以借助不同的视图（工作平面）建立模型，也可以借助不同的视图来创建结构施工图、建筑施工图或水电气布线图、设备管路设计施工图等。进入不同的模块，会有不同的模型视图。

1.3.1　项目浏览器与项目视图

在建筑模型中，所有的图纸、二维视图和三维视图以及明细表都是同一个基本建筑模型数据库的信息表现形式。不同的项目视图则由不同的项目样板来决定。

项目样板为新项目提供了起点，包括视图样板、已载入的族、已定义的设置（如单位、填充样式、线样式、线宽、视图比例等）和几何图形（如果需要）。

项目样板之间的差别其实是由设计行业的需求不同决定的，主要体现在【项目浏览器】中。建筑样板（主要用于建筑设计）和构造样板（可用于建筑、结构、钢结构、预制等设计）的项目视图内容是相同的，出图的种类也是最多的。图 1-18 为建筑样板与构造（构造设计包括零件设计和部件设计）样板的视图内容。

其余的电气样板、机械样板、卫浴样板、结构样板等的项目视图如图 1-19 所示。

建筑样板的视图内容

构造样板的视图内容

图 1-18　建筑样板与构造样板的项目视图比较

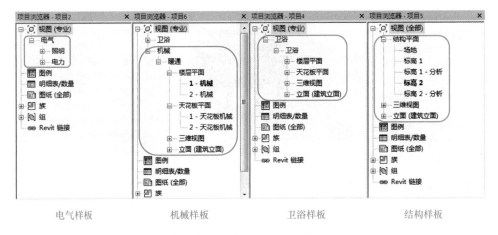

电气样板　　　　机械样板　　　　卫浴样板　　　　结构样板

图 1-19　其余样板的项目视图

结构样板是专用于建筑结构设计的项目样板。在建筑结构设计项目的项目浏览器中，【视图】顶层节点下包括结构平面、三维视图和立面等视图节点。

1. 结构平面

在项目视图中，【结构平面】视图节点下默认的楼层仅有【场地】【标高1】【标高 1 - 分析】【标高2】和【标②号 - 分析】等 5 个结构平面，如图 1-20 所示。

【场地】平面用来包容属于场地的所有构建要素，包括绿地、院落植物、围墙、地坪等。一般来说，场地的标高要比第一层低，避免往室内渗水。【场地】平面主要用于建筑设计。

【标高1】结构平面就是地上第一层结构平面，这跟立面视图中的【标高1】标高对应，如图 1-21 所示。

提示	虽说"结构平面"是一个平面，但在 Revit 中却主要用来表达定向视图。例如【标高1】结构平面可以称作"标高1结构平面视图"或"标高1平面视图"。后续章节中将沿用"标高1结构平面视图"的说法。

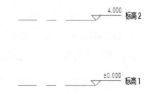

图 1-20　楼层平面视图　　　　　　　　　　　图 1-21　立面视图中的标高

【标高 1】结构平面视图的名称是可以进行修改的，右击【标高 1】视图节点，选择快捷菜单中的【重命名】命令（也可连续两次单击鼠标，但中间须间隔 1 秒），即可重新命名视图，如图 1-22 所示。

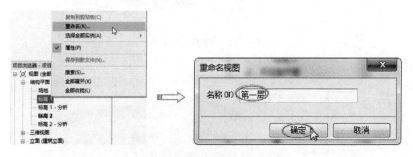

图 1-22　重命名结构平面视图

重命名结构平面视图后，系统会提示用户：是否希望重命名相应的标高和视图。如果单击【是】按钮，则会关联其他视图，反之，则只修改平面视图名称，其他视图中的名称不受影响。

【标高 1 – 分析】结构平面视图用来存储和显示【标高 1】结构平面中的结构分析内容及相关模型信息，如图 1-23 所示。

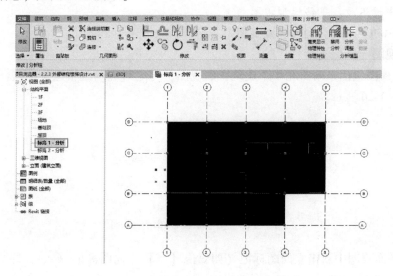

图 1-23　【标高 1 – 分析】结构平面视图

2. 三维视图

项目浏览器中的三维视图节点用来显示建筑或结构设计的三维模型视图。三维视图能更直观地观察建筑设计的最终结果。三维视图节点中包括【3D】视图和【分析模型】视图。【3D】视图用来显示建筑或结构设计的三维模型效果，如图 1-24 所示。

【分析模型】视图主要显示建筑结构分析的三维效果，如图 1-25 所示。

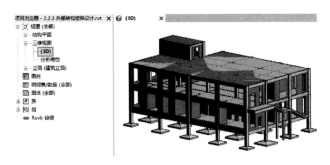

图 1-24 【3D】视图

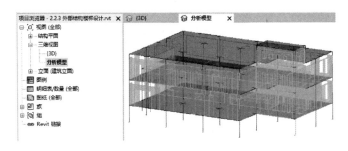

图 1-25 【分析模型】视图

三维视图中模型视图的操控主要通过鼠标中键功能来实现。

- 滚动鼠标中键：缩放模型视图。
- 按住中键不放：平移模型视图。
- 按住 Shift + 中键：旋转模型视图。

3. 立面视图

【立面】视图包括东南西北 4 个建筑立面视图，与之对应的是楼层平面视图中的 4 个立面标记，如图 1-26 所示。

图 1-26 立面视图与平面视图中的立面标记

在结构平面视图中双击立面图标记（如双击【东】立面图标记 ），即可转入该标记指示的立面视图中，如图 1-27 所示。

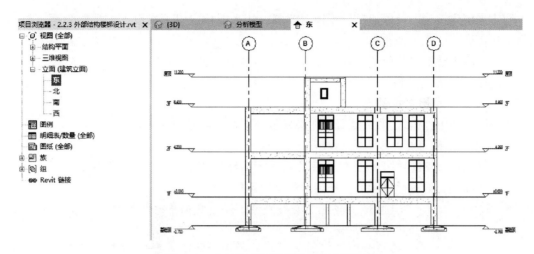

图 1-27　由结构平面视图转入东立面视图

1.3.2　设置视图范围

视图范围是控制对象在视图中的可见性和外观的水平平面集。

每个平面图都具有视图范围属性，该属性也称为可见范围。定义视图范围的水平平面为"俯视图""剖切面""仰视图"。顶剪裁平面和底剪裁平面表示视图范围的最顶部和最底部的部分。剖切面是一个平面，用于确定特定图元在视图中显示为剖面时的高度。这三个平面可以定义视图范围的主要范围。

视图深度是主要范围之外的附加平面。更改视图深度，以显示底裁剪平面下的图元。默认情况下，视图深度与底剪裁平面重合。

在图 1-28 所示的立面视图中，显示编号为⑦的视图范围：①顶部、②剖切面、③底部、④偏移（从底部）、⑤主要范围和⑥视图深度。右侧平面视图显示了此视图范围的结果。

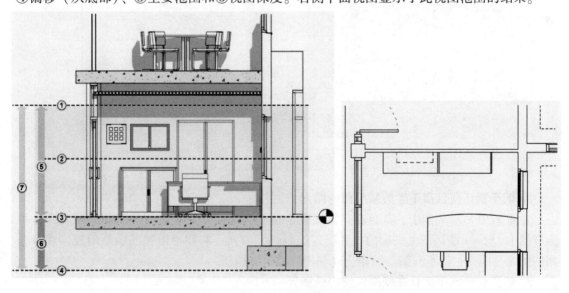

图 1-28　视图范围

创建多层建筑后，可以通过设置视图范围，让当前楼层以下或以上的楼层隐藏不显示，以便于观察。

除了上图正常情况的剖切显示（剖切面②的剖切位置）外，还有以下几种情况的视图范围显示控制方法。

1. 与剖切平面相交的图元

在平面视图中，Revit 采用以下规则来显示与剖切平面相交的图元。

- 这些图元使用其图元类别的剖面线宽绘制。
- 当图元类别没有剖面线宽时，该类别不可剖切。此图元使用投影线宽绘制。

与剖切面相交的图元显示的例外情况包括以下内容。

- 高度小于 6ft（约 1.83m）的墙不会被截断，即使它们与剖切面相交。

> **技术要点**　　从边界框的顶部到主视图范围的底部测得的结果为 6ft（约 1.83m）时，例如，创建的墙的顶部比底剪裁平面高 6ft，则在剖切平面上剪切墙。当墙顶部不足 6ft 时，整个墙显示为投影，即使是与剖切面相交的区域也是如此。将墙的【墙顶定位标高】属性指定为【未连接】时，将始终出现此行为。

- 对于某些类别，各个族被定义为可剖切或不可剖切。如果族被定义为不可剖切，则其图元与剖切面相交时，使用投影线宽绘制。

在图 1-29 所示的图中，蓝色高亮（即虚线框内）显示区域表示与剖切平面相交的图元。右侧平面视图显示以下内容。

① 使用剖面线宽绘制的图元（墙、门和窗）。

② 使用投影线宽绘制的图元，因为它们不可剖切（橱柜）。

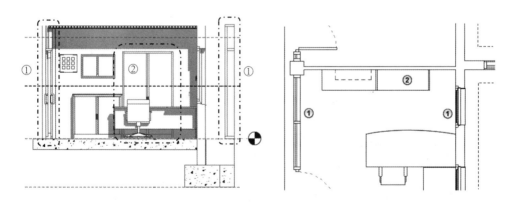

图 1-29　与剖切平面相交的图元显示

2. 低于剖切面且高于底剪裁平面的图元

在图 1-30 所示的图中，蓝色高亮区域表示低于剖切面且高于底剪裁平面的图元。在平面视图中，Revit 使用图元类别的投影线宽绘制这些图元。右侧平面视图中使用投影线宽绘制的图元，因为它们不与剖切面相交（橱柜、桌子和椅子）。

3. 低于底剪裁平面且在视图深度内的图元

视图深度内的图元使用【超出】线样式绘制，与图元类别无关。

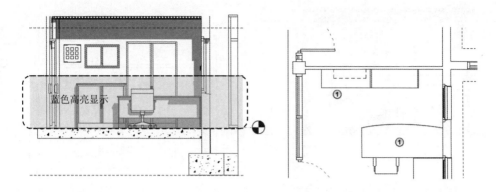

图 1-30　低于剖切面且高于底剪裁平面的图元显示

例外情况：位于视图范围之外的楼板、结构楼板、楼梯和坡道使用调整后的范围，比主要范围的底部低 4ft（约 1.22m）。在该调整范围内，使用该类别的投影线宽绘制图元。如果它们存在于此调整范围之外但在视图深度内，则使用【超出】线样式绘制这些图元。

例如，在图 1-31 所示的图中，蓝色高亮区域表示低于底剪裁平面且在视图深度内的图元。右侧平面视图显示以下内容。

① 使用【超出】线样式绘制的视图深度内的图元（基础）。

② 使用投影线宽为其类别绘制的图元，因为它满足例外条件。

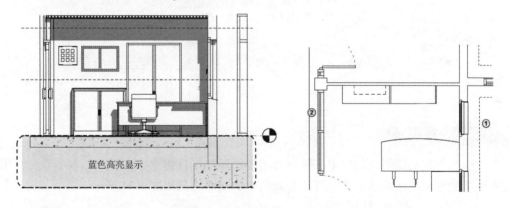

图 1-31　低于底剪裁平面且在视图深度内的图元显示

4. 高于剖切面且低于顶剪裁平面的图元

这些图元不会显示在平面视图中，除非其类别是窗、橱柜或常规模型。这三个类别中的图元使用从上方查看时的投影线宽绘制。

例如，在如图 1-32 所示的图中，蓝色高亮区域表示视图范围顶部和剖切平面之间出现的图元。

右侧平面视图显示以下内容。

① 使用投影线宽绘制的壁装橱柜。在这种情况下，在橱柜族中定义投影线的虚线样式。

② 未在平面中绘制的壁灯（照明类别），因为其类别不是窗、橱柜或常规模型。

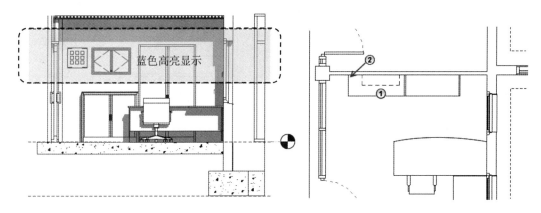

图 1-32　高于剖切面且低于顶剪裁平面的图元显示

在属性面板中的【范围】选项组中单击【编辑】按钮，打开【视图范围】对话框，设置视图范围，如图 1-33 所示。

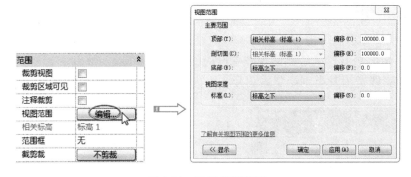

图 1-33　设置视图范围

1.3.3　视图操作

在图形区下方的视图控制栏中，可以使用视图操作工具快速操作视图，本小节仅介绍视图控制栏中的常用视图显示工具。视图控制栏中的视图工具如图 1-34 所示。

图 1-34　视图控制栏

1. 视觉样式

可以通过视图控制栏中的【视觉样式】工具来实现图形的模型显示样式设置。单击【视图样式】按钮□展开菜单，如图 1-35 所示。选择【图形显示选项】命令，打开【图形显示选项】对话框进行视图设置，如图 1-36 所示。

2. 日光设置

当渲染场景为白天时，可以设置日光（将在"建筑模型渲染"一章中详细讲解）。单击【日光设置】按钮☼，弹出包含 3 个选项的菜单，如图 1-37 所示。

图 1-35　【视图样式】菜单

图 1-36　【图形显示选项】对话框

日光路径是指一天中阳光在地球上照射的时间和地理路径，并以运动轨迹可视化表现，如图 1-38 所示。

选择【日光设置】选项可以打开【日光设置】对话框进行日光研究和设置，如图 1-39 所示。

图 1-37　【日光设置】菜单

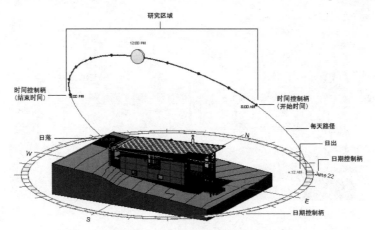

图 1-38　一天的日光路径

图 1-39　【日光设置】对话框

3. 阴影开关

在视图控制栏中单击【打开阴影】按钮  或者【关闭阴影】按钮 ，可以控制真实渲染场景中的阴影显示或关闭。图 1-40 为打开阴影的场景，图 1-41 为关闭阴影的场景。

图 1-40　打开阴影状态

图 1-41　关闭阴影状态

4. 视图的剪裁

剪裁视图功能主要用于剪裁视图并查看剪裁之前和之后的视图状态，如图 1-42 所示。

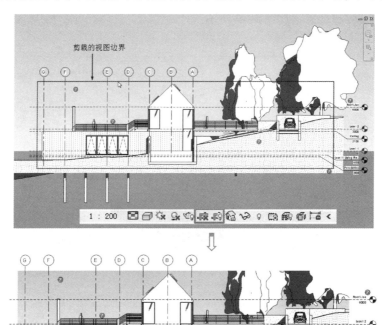

图 1-42　剪裁视图

1.4　控制柄和造型操纵柄

当我们在 Revit 中选择各种图元时，图元上或者在图元旁边会出现各种控制手柄和操纵柄。这些快速操控模型的辅助工具可以用来进行很多编辑工作，比如移动图元、修改尺寸参数、修改形状等。

不同类别的图元或者不同类型的视图，所显示的控制柄是不同的。下面介绍常用的控制手柄和造型操纵柄。

1.4.1　拖曳控制柄

拖曳控制柄在拖曳图元时会自动显示，可以用来改变图元在视图中的位置，也可以改变图元的尺寸。

Revit 使用下列类型的拖曳控制柄。

- 圆点（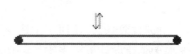）：当移动仅限于平面时，在平面视图中会与墙和线一起显示此控制柄。拖曳圆点控制柄可以拉长、缩短图元或修改图元的方向。平面中一面墙上的拖曳控制柄（以蓝色显示）如图 1-43 所示。
- 单箭头（）：若移动仅限于线，但外部方向是明确的，则此控制柄在立面视图和三维视图中显示为造型操纵柄。例如，未添加尺寸标注限制条件的三维形状会显示单箭头。三维视图中所选墙上的单箭头控制柄也可以用于移动墙，如图 1-44 所示。

图 1-43　圆点的拖曳控制柄

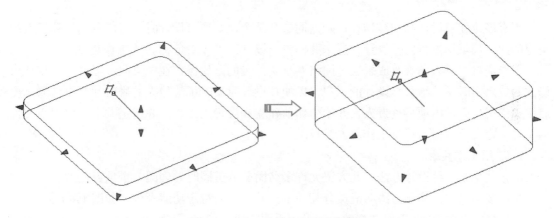

图 1-44　在三维形状上拖曳控制柄

> **技术要点**　将光标放置在控制柄上并按下 Tab 键，可在不改变墙尺寸的情况下移动墙。

- 双箭头（）：当造型操纵柄限于沿线移动时显示此工具。例如，向某一族添加标记的尺寸标注，并使其成为实例参数，则在将其载入到项目并选择它后，会显示双箭头。

> **技术要点**　可以在墙端点控制柄上单击鼠标右键，并使用菜单中的选项来允许或禁止墙连接。

1.4.2 造型操纵柄

造型操纵柄主要用来修改图元的尺寸。在平面视图中选择墙后，将光标置于端点控制柄（视图中的蓝色圆点）上，然后按下 Tab 键可显示造型操纵柄。在立面视图或三维视图中高亮显示墙时，按下 Tab 键可将距光标最近的整条边显示为造型操纵柄，通过拖曳该控制柄可以调整墙的尺寸。拖曳用作造型操纵柄的边时，将显示为蓝色（或定义的选择颜色），如图 1-45 所示。

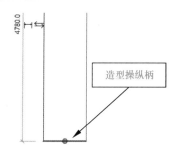

图 1-45　造型操纵柄

1.5 Revit 项目协作设计

我们都知道，任何一个建筑项目都不可能由单个人同时完成建筑、结构、机械电气、给排水、暖通设计等诸多工作。在 Revit 中如何实现多个专业领域的协调与合作设计是建筑工程行业 BIM 的重要目标。下面介绍一些在 Revit 中协作设计的具体应用。

1.5.1 管理协作

当有多位建筑设计师和结构设计师共同参与某个建筑项目设计时，可以利用计算机系统组建的内部局域网进行协作设计，这个共同参与设计的工作对象称为"工作集"。

工作集将所有人的修改成果通过网络共享文件夹的方式保存在中央服务器上，并将他人修改的成果实时反馈给参与设计的用户，以便在设计时及时了解他人的修改和变更结果。要启用工作集，必须由项目负责人在开始协作前建立和设置工作集，并指定共享存储中心文件的位置，定义所有参与项目工作的人员权限。

1. 启用工作共享

工作共享是一种设计方法，此方法允许多名团队成员同时处理同一个项目模型。

在许多项目中，需要为团队成员分配一个让其负责的特定功能领域，如图 1-46 所示。

这里介绍有关 Revit 工作共享的一些专用重要术语，如表 1-1 所示。

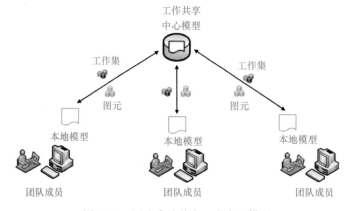

图 1-46　团队成员共享一个中心模型

表 1-1　工作共享的专业术语

术　　语	定　　义
工作共享	允许多名团队成员同时对同一个项目模型进行处理的设计方法
中心模型	工作共享项目的主项目模型。中心模型存储项目中所有图元的当前所有信息，并充当发布到该文件的所有修改内容的分发点。所有用户保存各自的中心模型本地副本，在本地进行工作，然后与中心模型进行同步，以便其他用户看到他们的工作成果
本地模型	项目模型的副本，保留在使用该模型的团队成员的计算机系统上。使用工作共享在团队成员之间分发项目工作时，每个成员都在他/她的工作集（功能区域）上使用本地模型。团队成员定期将各自的修改保存到中心模型中，以便其他人看到这些修改，并使用最新的项目信息更新各自的本地模型
工作集	项目中图元的集合。对于建筑，工作集通常定义了独立的功能区域，例如内部区域、外部区域、场地或停车场。对于建筑系统工程，工作集可以描绘功能区域，例如 HVAC、电气、卫浴或管道。启用工作共享时，可将一个项目分成多个工作集，不同的团队成员负责各自的工作集
活动工作集	要向其中添加新图元的工作集。活动的工作集名称显示在【协作】选项卡下的【管理协作】面板或状态栏中
图元借用	用于编辑不属于当前用户的图元。如果没有人拥有该图元，则软件会自动授予当前用户借用权限。如果另一名团队成员当前正在编辑该图元，则该团队成员即为所有者，当前用户必须请求或者等待其放弃该图元后才能够借用
工作共享文件	启用了工作集的 Revit 项目
非工作共享文件	尚未启用工作集的 Revit 项目
协作	多名团队成员处理同一项目。这些团队成员可能属于不同的规程，在不同的地点工作。协作方法可以包括工作共享和使用链接模型
基于服务器的工作共享	一种工作共享的方法，其中心模型存储在 Revit Server 中，可以直接或通过 Revit Server Accelerator 与 WAN 内的团队成员通信
基于文件的工作共享	一种工作共享方法，这种方法将中心模型存储在某个网络位置的文件中
云工作共享	一种将中心模型存储在云中的工作共享方法。团队成员使用 Collaboration for Revit 共同更改模型

📖上机操作　启用工作共享

启用工作共享后，可以通过云或者局域网编辑一个模型。若要创建局域网，则必须确定主机（笔者工作计算机）和分机（其他计算机）。

01　首先创建局域网。在作为主机的系统桌面左下角执行【开始】|【控制面板】命令，打开控制面板首页窗口。在窗口中单击【家庭组】图标，打开【家庭组】窗口。

02　单击【创建家庭组】按钮，在随后弹出的【创建家庭组】窗口中选择所有的共享内容，并单击【下一步】按钮，如图 1-47 所示。

图 1-47　创建家庭组并选择共享内容

03 随后单击【完成】按钮，完成家庭组的创建，并记住这个自动生成的家庭组密码。必要时，可以修改家庭组密码。

04 在分机中也打开控制面板的【家庭组】窗口界面。单击【立即加入】按钮，输入主机中生成的家庭组密码，即可加入家庭组。

05 在主机计算机磁盘的任意位置新建名称为【中心文件】的空白文件夹，并设置该文件夹为网络共享文件夹，设置允许所有网络用户拥有文件夹的读写权限，操作步骤如图 1-48 所示。

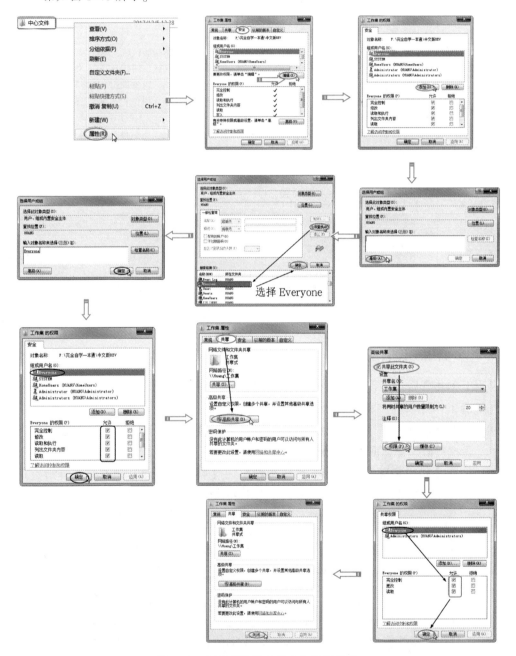

图 1-48　创建并设置文件夹为网络共享

06 通过网上邻居的【映射网络驱动器】功能，分别在主机和分机中将【工作集】共享文件夹映射为 Z。如图 1-49 所示。映射网络驱动器后，可以在计算机文件路径的首页找到其位置，如图 1-50 所示。

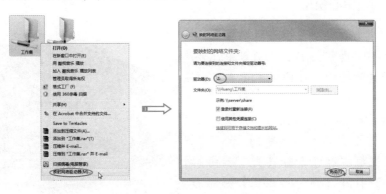

图 1-49　映射网络共享文件夹

图 1-50　映射的网络驱动器位置

07 在主机中启动 Revit 2021，新建一个建筑项目文件后进入 Revit 工作界面环境中。然后在【协作】选项卡下的【管理协作】面板中单击【协作】按钮，将新建的项目文件保存在映射的网络驱动器（中心文件）中。

08 弹出【协作】对话框，保留默认的协作方式（在网络内协作），单击【确定】按钮完成网络协作设置，如图 1-51 所示。

09 同理，在分机中也进行相同的设置操作，完成后所有设计师都能共享一个项目文件，并进行设计、编辑工作了。

10 如果需要在云中进行协作，可以从网络共享协作转换到云协作。单击【管理协作】面板中的【在云中进行协作】按钮，保存模型后即可转换到云协作。要进行云协作，使用单位还需要购买使用权限。普通用户暂不能使用此功能。

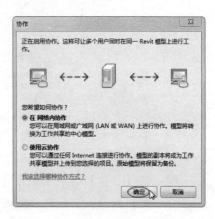

图 1-51　完成协作设置

2. 创建中心模型

启用工作共享后，需要以现有的模型来创建项目主模型，即"中心模型"。

上机操作 创建中心模型

01 在主机上打开用作中心模型的项目文件"中心模型.rvt"，该项目中包含建筑设计和结构设计的组成要素，如图 1-52 所示。

图 1-52 打开的模型

02 切换至 **F1** 楼层平面视图，在项目浏览器的顶层【视图（全部）】节点位置单击鼠标右键并选择【浏览器组织】命令，打开【浏览器组织】对话框。修改视图类型为【规程】，单击【确定】按钮完成设置，如图 1-53 所示。

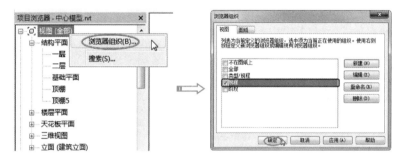

图 1-53 设置视图类型

03 Revit 将按【规程】重新分类组织视图，如图 1-54 所示。

【全部】视图　　　　　　【规程】视图

图 1-54 重新组织的视图

04 在【协作】选项卡下的【管理协作】面板中单击【工作集】按钮，弹出【工作集】对话框，如图 1-55 所示。

05 在【工作集】对话框中，Revit 默认将标高和轴网移动到名称为【共享标高和轴网】的工作集中，项目中非标高和轴网图元默认移动到【工作集 1】中，单击【重命名】按钮修改【工作集 1】名称为"结构设计师"，单击【确定】按钮完成重命名，如图 1-56 所示。

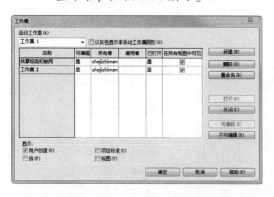
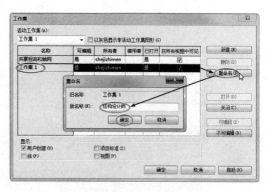

图 1-55 【工作集】对话框   图 1-56 重命名【工作集 1】

> **技术要点** 标高和轴网是所有工作人员的定位基础，因此 Revit 默认将标高和轴网图元移动至单独的工作集中进行管理。

06 在【工作集】对话框中，列出了当前项目中已有的工作集名称、该工作集的所有者等信息。单击【新建】按钮，弹出【新建工作集】对话框，输入新工作集名称为"建筑设计师"，确认勾选【在所有视图中可见】复选框，单击【确定】按钮，退出【新建工作集】对话框，为项目添加"建筑设计师"工作集，如图 1-57 所示。

07 至此，已完成工作集的创建工作，不修改其他任何参数，单击【确定】按钮，退出【工作集】对话框。弹出【指定活动工作集】对话框，如图 1-58 所示，提示用户是否将上一步新建的"建筑设计师"工作集设置为活动工作集，单击【否】按钮，将不接受该建议。

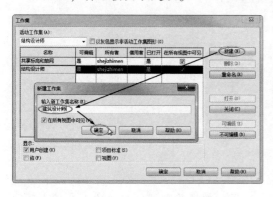
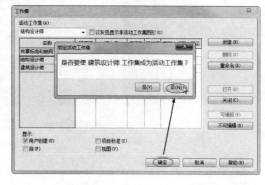

图 1-57 新建工作集   图 1-58 不将新建工作集设置为活动工作集

> **技术要点** 在【工作集】对话框中可以重新指定任意工作集为当前激活的工作集。

08 在视图中框选所有图元，单击【修改 | 选择多个】上下文选项卡下的【过滤器】按钮 ⏷，过滤选择视图中所有结构柱图元，此时【属性】面板的【标识数据】参数组中添加了【工作集】和【编辑者】参数，且结构柱的工作集默认选项为"结构设计师"，意味着所选的结构柱属于结构设计师的工作范畴，如图 1-59 所示。

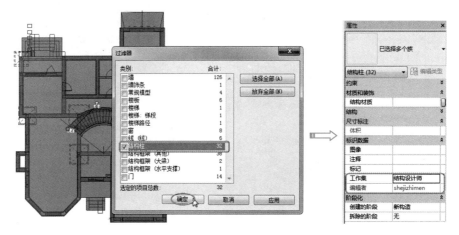

图 1-59　过滤选择结构柱

09 单击【文件】|【另存为】|【项目】命令，弹出【另存为】对话框。单击对话框右下角的【选项】按钮，弹出【文件保存选项】对话框，在该对话框的【工作共享】选项组，默认勾选了【保存后将此作为中心模型】复选框，即该保存的文件将作为中心文件共享给所有用户。然后将项目文件另存在先前创建的映射网络驱动器 Z 中，如图 1-60 所示。

图 1-60　保存项目文件为中心模型

技术要点　　启用工作集后，保存项目文件时，所保存的项目默认将作为中心文件，保存中心文件时，必须将中心文件保存于映射后的网络驱动器中，以确保保存的路径为 UNC，在任何时候另存项目时，均可通过【文件保存选项】对话框将所保存的项目设置为中心文件。

10　再次打开【工作集】对话框，设置所有工作集的【可编辑】选项为【否】，也就是说其他分机的设计师是不能进行再次编辑的。完成后单击【确定】按钮，退出【工作集】对话框，如图 1-61 所示。

11　在【协作】选项卡下的【同步】面板中单击【与中心文件同步】按钮 ，弹出【与中心文件同步】对话框，如图 1-62 所示，如有必要可输入本次同步的注释信息，单击【确定】按钮，将工作集设置与中心文件同步。

图 1-61　设置工作集不可编辑　　　　　　　　图 1-62　与中心文件同步

技术要点	项目经理设置完成工作集后，由于项目经理并不会直接参与项目的修改与变更，因此在设置后，需要将所有的工作集释放，即设置所有工作集均不可编辑，如果项目经理需要参与中心文件的修改工作，或需要保留部分工作集为其他用户不能修改，则可以将该工作集的可编辑特性设置为【是】，这样在与中心文件同步后，其他用户将无法修改被项目经理占用的工作集图元。所有修改数据必须与中心文件同步后，才会生效。Revit 通过为每一个图元实例属性添加【工作集】参数的方式，控制每个图元所属的工作集。

1.5.2　链接模型

在 Revit Architecture 中，使用链接功能可以链接其他专业模型，达到协同设计目的。

在【插入】选项卡下，可以通过链接或导入的方式将外部文件载入到当前项目中。下面说明链接模型与导入模型的区别。

我们用 Revit 链接模型的时候，经常会用 CAD 来进行模型的定位，在插入 CAD 模型的时候，链接 CAD 与导入 CAD 两个功能有所区别。

图 1-63 为导入 CAD 图纸后的界面，可以对图纸执行分解。执行分解后，图纸中的线条可以作为 Revit 中的模型线使用。

图 1-64 为链接 CAD 图纸后的界面，由于与之前的源图纸有某种链接关系，因此图纸是不能被编辑的。

有些 CAD 图纸中带有自身的图块，有时不能直接全部分解，需要部分分解。

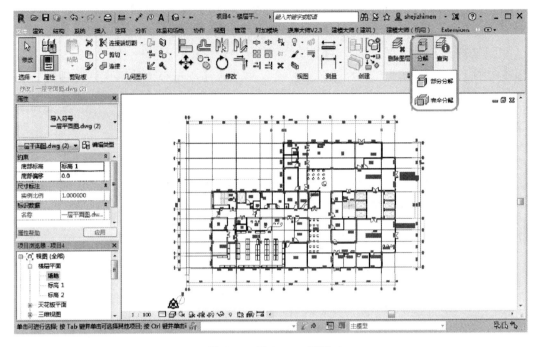

图 1-63　导入 CAD 图纸

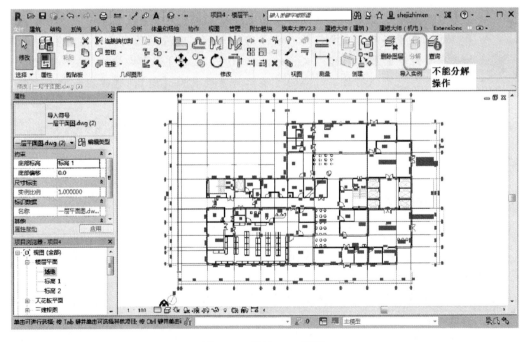

图 1-64　链接 CAD 图纸

　　链接 CAD 图纸时要注意单位，并勾选【定向到视图】复选框，如图 1-65 所示。然后用移动命令将其定位到项目基点即可，定位好后记得锁定 CAD 图，并把项目基点关闭，以免之后的操作误移了基点。如果要删除图纸，则解锁图纸再删除，如图 1-66 所示。

图 1-65　链接图纸时的单位和视图定位

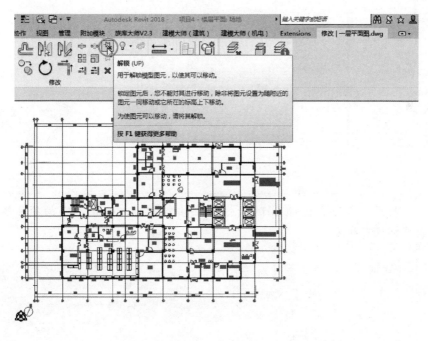

图 1-66　解锁图纸

1.6　入门案例——升级旧项目样板文件

不同的国家、不同的领域、不同的设计院设计的标准以及设计的内容并不相同，虽然 Revit 软件提供了若干样板用于不同的规程和建筑项目类型，但是仍然与国内各个设计院标准相差较大，所以每个设计院都会在工作中定制适合自己的项目样板文件。

在本节中我们将使用传递项目标准的方法来建立一个符合中国建筑规范的 Revit 2021 项目样板文件，步骤如下。

01 启动 Revit 2021。在主页界面中打开本例源文件路径中的"Ch01 \ revit 2016 中国样板"样板文件。

02 图 1-67 为该项目样板的项目浏览器中的视图样板。

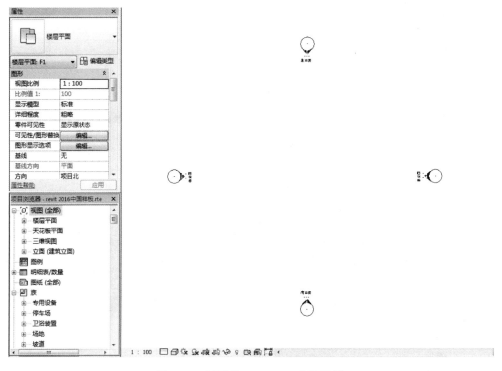

图 1-67　打开的 Revit 2016 中国样板

> **提示**　此样板为利用 Revit 2016 软件进行制作的，与 Revit 2021 的项目样板相比，视图样板有些区别。

03 在快速访问工具栏中单击【新建】按钮，在【新建项目】对话框中选择【结构样板】文件，设置新建的类型为【项目样板】，单击【确定】按钮，如图 1-68 所示。

图 1-68　新建项目样板

04 打开 Revit 2021 的结构视图样板，如图 1-69 所示。

05 在功能区【管理】选项卡下的【设置】面板中单击【传递项目标准】按钮，打开【选择要复制的项目】对话框。对话框中默认选择了来自"revit 2016 中国样板"的所有项目类型，单击【确定】按钮，如图 1-70 所示。

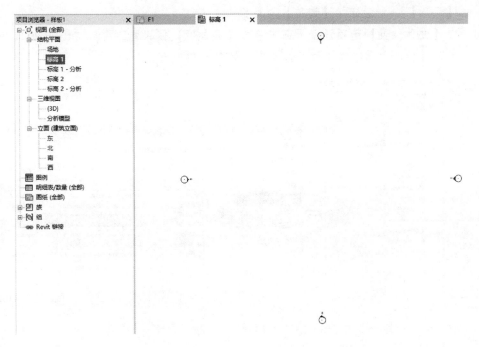

图 1-69　Revit 2021 结构视图样板

06 在随后弹出的【重复类型】对话框中单击【覆盖】按钮，完成参考样板的项目标准传递，如图 1-71 所示。

图 1-70　传递项目标准

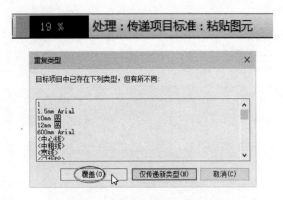

图 1-71　覆盖原项目标准

07 覆盖完成后，会弹出警告提示对话框，如图 1-72 所示。

08 在应用菜单浏览器中执行【另存为】|【样板】命令，将项目样板命名为 "Revit 2021 中国样板" 并保存在 "C:\ProgramData\Autodesk\RVT 2021\Templates\China" 路径下。

图 1-72　警告提示对话框

09 若想每次启动 Revit 2021 时在主页界面的【样板文件】列表中快速选择 "Revit 2021 中国样板" 文件，则可在 Revit 2021 工作界面的应用程序菜单中执行【文件】

I【选项】命令，打开【选项】对话框。

10 在【文件位置】选项设置页面中单击【添加值】按钮➕，再从"Revit 2021 中国样板"文件的保存路径中打开该文件，如图 1-73 所示。

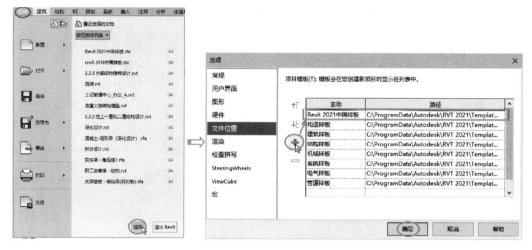

图 1-73　设置样板文件的文件位置

第 2 章

Revit 模型族

本章导读 》

严格来说，Revit 其实是一个基于建筑构件进行装配设计的软件。各种建筑构件在 Revit 中称作"族"（"族"的作用类似于工业产品设计中的"零部件"）。建筑构件分二维构件和三维构件，因此 Revit 中可进行二维族和三维族设计。本章详细介绍在 Revit 2021 族编辑器环境中进行"族"的设计与应用的方法。

案例展现 》

案　例　图	描　　述
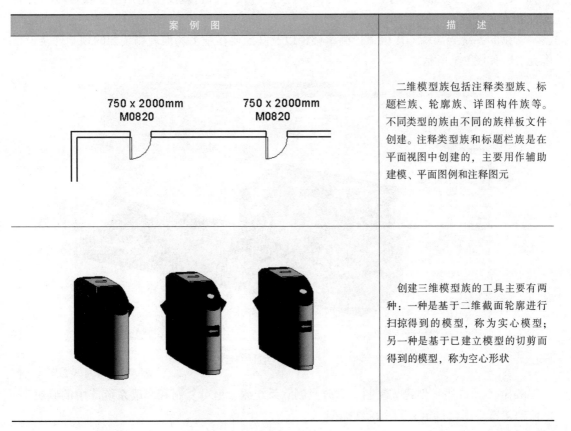750 x 2000mm　　750 x 2000mm M0820　　　　　M0820	二维模型族包括注释类型族、标题栏族、轮廓族、详图构件族等。不同类型的族由不同的族样板文件创建。注释类型族和标题栏族是在平面视图中创建的，主要用作辅助建模、平面图例和注释图元
	创建三维模型族的工具主要有两种：一种是基于二维截面轮廓进行扫掠得到的模型，称为实心模型；另一种是基于已建立模型的切剪而得到的模型，称为空心形状

2.1 Revit 模型族的概念与设计环境

Revit 中的"族"是一个包含模型参数和相关图形表示的图元组。我们可以把一幢建筑比喻成一个产品,那么各种类型的族就是构成这个建筑产品的"组装件",将这些"组装件"按照一定的建筑规范进行装配后就形成了最终的建筑产品。

从族的几何体定义来划分,Revit 族分为二维模型族和三维模型族。二维族和三维族同属模型类别族。二维模型族可以单独使用,也可以作为嵌套族载入到三维模型族中使用。

二维模型族包括注释类型族、标题栏族、轮廓族、详图构件族等。不同类型的族由不同的族样板文件来创建。注释类型族和标题栏族是在平面视图中创建的,主要用作辅助建模、平面图例和注释图元。轮廓族和详图构件族仅在【楼层平面】|【标高1】或【标高2】视图的工作平面上创建。

2.1.1 Revit 模型族的分类

在 Revit 2021 软件中,模型族有三种形式:系统族、可载入族(标准构件族)和内建族。

1. 系统族

系统族已在 Revit 建筑设计或结构设计项目环境中预定义且保存在样板和项目中,安装 Revit 软件后,会发现并没有族库、项目样板及族样板等,这就要求用户独立安装项目样板文件和族库文件。

常见的系统族如墙、楼板、顶棚、楼梯以及其他要在施工场地现场装配的预制件及设备图元等,如图 2-1 所示。

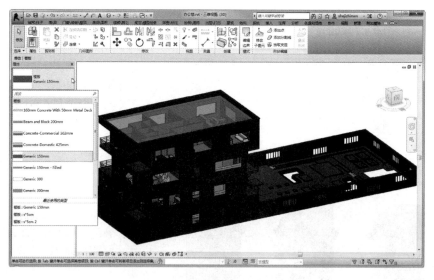

图 2-1 构成建筑项目的系统族

Revit 不允许用户创建、复制、修改或删除系统族,但可复制和修改系统族中的族类型,以便创建属于用户自定义的系统族类型。

提示

　　Revit 2021 软件的项目样板文件和族库文件是免费使用的，可以到官网中下载。项目样板文件和族库文件分公制和英制两种，下载时请选择"RVT2021_CHS_FamTemplates_Templates. exe"文件和"RVT2021_CHS_Libraries. exe"文件，如图 2-2 所示。

下载地址二维码

图 2-2　下载项目样板文件和族库文件

2. 可载入族

　　"可载入族"是由用户创建并独立保存为". rfa"格式的族文件。例如，当需要为场地插入园林景观树的族时，默认系统族能提供的类型比较少，需要通过单击【载入族】按钮，到用户保存的族文件夹中载入用户创建的植物族，如图 2-3 所示。

提示

　　通过单击【载入族】按钮，可以载入用户定义的"可载入族"，也可直接到 Revit 族库中载入系统族。

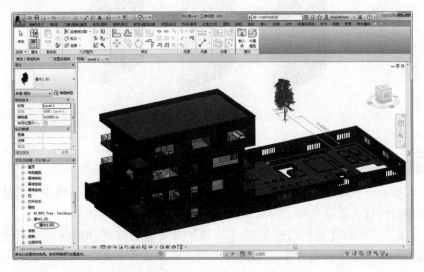

图 2-3　载入用户创建的"可载入族"

可载入族具有高度灵活的修改类型属性、图形回滚编辑特性，因此在 Revit 中载入模型族进行项目设计时基本都是可载入族。修改族时会自动进入 Revit 族编辑器。

Revit 的可载入族分为体量族、模型类别族和注释类别族。

- 体量族：用于建筑概念设计阶段。
- 模型类别族：用于生成项目的模型图元、详图构件等。

> **技术要点**　　Revit 的模型类别族分为独立个体族和基于主体的族。独立个体族是指不依赖于任何主体的构件，例如体育设施、运输工具及家具摆件等。基于主体的族是指必须依赖于主体的构件，例如门、窗、房檐、女儿墙等必须以墙体为主体而依附于其上。

- 注释族：用于提取模型图元的参数信息，例如，在综合楼项目中使用"门标记"族提取门"族类型"参数。

3. 内建族

内建族是建筑结构设计项目为一些专有的独特构件而创建的临时族。创建内建族时可参照项目中的其他几何图形，以便在参照图形发生变化时能够及时进行相应调整。常见的内建族示例如下。

- 弧形面墙、斜面墙或锥形墙。
- 特殊或不常见的几何图形，例如屋顶女儿墙、装饰线等。
- 量身定制的专有构件，如专用于古典建筑的筒瓦。
- 必须参照项目中的其他图元进行创建的附加构件，如在弧形墙上创建弧形窗。

由于内建族是在具体项目的环境中创建的，并不打算在其他项目中使用，因此内建族与系统族一样，既不能从外部载入，也不能单独保存为族文件。内建族可以是二维或三维对象，图 2-4 为在 Revit 项目中内建的"检票口闸机"三维族。

图 2-4　"检票口闸机"三维族

2.1.2　选择族样板文件

要创建二维或三维族，就必须选择合适的族样板。Revit 的族库文件中附带大量的族样板。根据选择的样板，新族有特定的默认内容，如参照平面和子类别。

在 Revit 主页界面的【族】组中单击【新建】命令，打开【新族 – 选择样板文件】对话框。从系统默认的族样板文件存储路径下找到族样板文件，单击【打开】按钮即可，如图 2-5 所示。

图 2-5　选择族样板文件

在建筑结构设计项目中，执行菜单栏中的【文件】|【新建】|【族】命令，同样可打开
【新族 – 选择样板文件】对话框。

2.1.3　族编辑器

不同类型的族有不同的族设计环境（也叫"族编辑器"）。族编辑器是 Revit 中的一种图
形编辑模式（等同于其他三维设计类软件中的"零件设计"模式），用户可在族编辑器中创
建新族或修改当前项目中的族。

在【新族 – 选择样板文件】对话框中选择一种族样板后（如选择"公制橱柜 . rft"），
单击【打开】按钮，进入族编辑器环境中。默认显示的是"参照标高"楼层平面视图，如
图 2-6 所示。

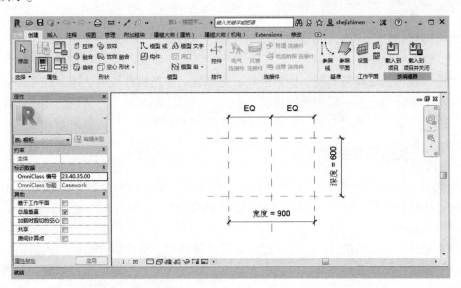

图 2-6　族编辑器环境中的"参照标高"楼层平面视图

若要修改用户自定义的族，可以在 Revit 主页界面的【族】组中单击【打开】按钮，从
【打开】对话框中选择用户创建的族文件（如"三桩三角形承台 . rfa"），打开即可进入族编
辑器环境。默认显示的是族三维视图，如图 2-7 所示。

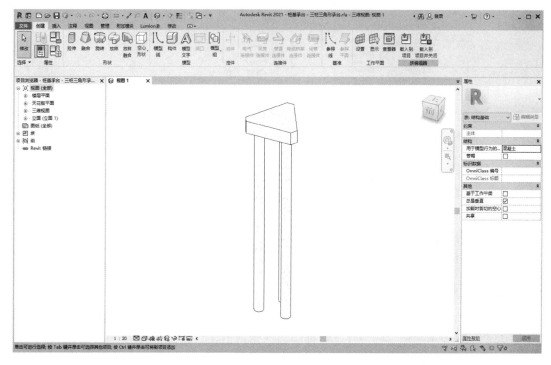

图 2-7　族编辑器环境三维视图

2.2　创建二维模型族

二维模型族和三维模型族同属模型类别族。二维模型族可以单独使用，也可以作为嵌套族嵌入到三维模型族中使用。

二维模型族包括注释类型族、标题栏族、轮廓族、详图构件族等。注释族和标题栏族是在平面视图中创建的，主要用作辅助建模、平面图例和注释图元。轮廓族和详图构件族仅在【楼层平面】|【标高 1】或【标高 2】视图的工作平面上创建。

2.2.1　创建注释类型族

注释类型族是 Revit 中非常重要的一种族，它可以自动提取模型族中的参数值，自动创建构件标记注释。使用"注释"类族模板可以创建各种注释类型族，例如，门标记、材质标记、轴网标头等。

注释类型族是二维的构件族，分标记和符号两种类型。下面仅介绍标记族的创建过程。

标记主要用于标注各种类别构件的不同属性，如窗标记、门标记等，如图 2-8 所示。符号则一般在项目中用于"装配"各种系统族标记，如立面标记、高程点标高等，如图 2-9 所示。注释构件族的创建与编辑很方便，主要是对标签参数的设置。

与另一种二维构件族"详图构件"不同，注释族拥有"注释比例"的特性，即注释族的大小，会根据视图比例的不同而变化，以保证在出图时注释族保持同样的出图大小，如图 2-10 所示。

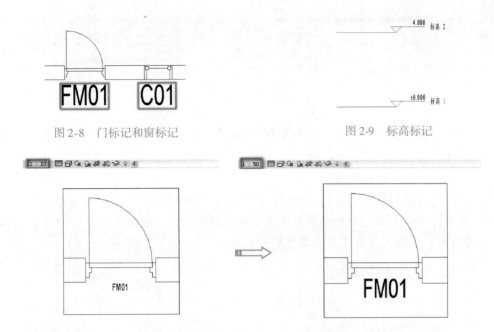

图 2-8　门标记和窗标记　　　　　　　　图 2-9　标高标记

图 2-10　注释族的注释比例特性

下面以门标记族的创建为例，介绍详细的创建步骤。

上机操作　创建门标记族

01　启动 Revit 2021，在主页界面中单击【新建】按钮，弹出【新族 – 选择族样板】对话框。

02　双击"注释"文件夹，选择"公制门标记.rft"作为族样板，单击【打开】按钮进入族编辑器模式，如图 2-11 所示。该族样板中默认提供了两个正交参照平面，参照平面交点位置表示标签的定位位置。

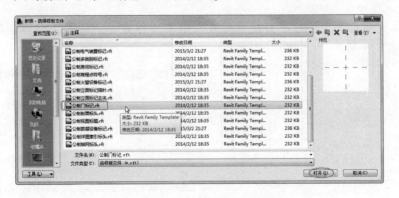

图 2-11　选择注释族样板文件

03　在【创建】选项卡下【文字】面板中单击【标签】按钮A，自动切换至【修改 | 放置标签】上下文选项卡，如图 2-12 所示。设置【格式】面板中水平对齐和垂直对齐方式均为居中。

图 2-12 【修改 | 放置 标签】上下文选项卡

04 确认【属性】面板中的标签类型为【3mm】。在上下文选项卡下【属性】面板中单击【类型属性】按钮，打开【类型属性】对话框，复制出名称为"3.5mm"的新标签类型，如图 2-13 所示。

05 修改文字颜色为【蓝色】，背景为【透明】；设置【文字字体】为【仿宋】，【文字大小】为 3.5mm，其他参数参照图中所示进行设置，如图 2-14 所示。完成后单击【确定】按钮，退出【类型属性】对话框。

图 2-13 复制类型属性

图 2-14 设置类型属性

06 移动鼠标指针至参照平面交点位置后单击鼠标右键，弹出【编辑标签】对话框，如图 2-15 所示。

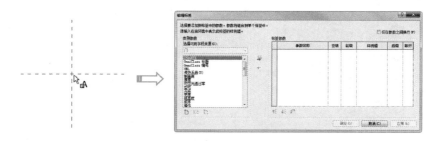

图 2-15 设置标记在项目中的插入点

07 在左侧【类别参数】列表中列出门类别中所有默认可用参数信息。选择【类型名称】参数，单击【将参数添加到标签】按钮，将参数添加到右侧【标签参数】栏中。单击【确定】按钮关闭对话框，如图 2-16 所示。

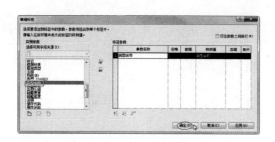

图 2-16　设置标签参数

08　随后将标签添加到视图中，如图 2-17 所示。然后关闭上下文选项卡。

09　适当移动标签，使样例文字中心对齐垂直方向参照平面，底部稍偏高于水平参照平面，如图 2-18 所示。

图 2-17　添加的标签　　　　　　　　　　　　　图 2-18　移动标签

10　单击【创建】选项卡下【文字】面板中的【标签】按钮，在参照平面交点位置单击，打开【编辑标签】对话框。然后选择【类型标记】参数并完成标签的编辑，如图 2-19 所示。

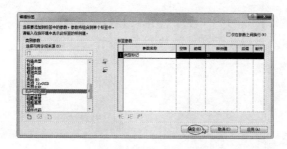

图 2-19　编辑新标签

11　随后将标签添加到视图中，如图 2-20 所示。然后关闭上下文选项卡。

12　适当移动标签，使样例文字中心对齐垂直方向参照平面，底部稍偏高于水平参照平面，如图 2-21 所示。

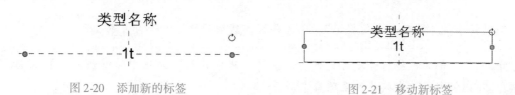

图 2-20　添加新的标签　　　　　　　　　　　　图 2-21　移动新标签

13　退出上下文选项卡。在图形区选中"类型名称"标记，在属性面板中单击【关联族参数】按钮，如图 2-22 所示。

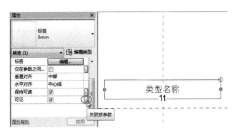

图 2-22　选中"类型名称"标记设置关联族参数

14 在弹出的【关联族参数】对话框中单击【添加参数】按钮，在打开的【参数属性】对话框中输入名称"尺寸标记"，单击【确定】按钮关闭该对话框，如图 2-23 所示。

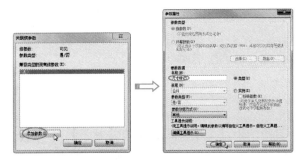

图 2-23　添加参数

15 在【关联族参数】对话框中单击【确定】按钮关闭对话框。重新选中"1t"标记，然后添加名称为"门标记可见"的新参数，如图 2-24 所示。

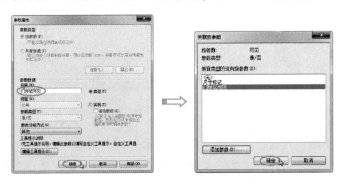

图 2-24　添加新参数

16 将族文件另存为"门标记"。下面验证创建的门标记族是否可用。

> **技术要点**　如果已经打开项目文件，单击【从库中载入】面板中的【载入族】工具可以将当前族直接载入至项目中。

17 可以新建一个建筑项目，如图 2-25 所示。在默认打开的视图中，利用【建筑】选项卡下【构建】面板中的【墙】工具，绘制任意墙体，如图 2-26 所示。

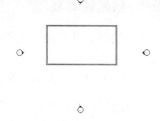

图 2-25　新建建筑项目　　　　　　　　　　　图 2-26　创建墙体

18 在项目浏览器的【族】I【注释符号】节点下找到 Revit 自带的【标记_门】，单击右键并执行【删除】命令将其删除，如图 2-27 所示。

19 单击【建筑】选项卡下【构建】面板中的【门】工具，弹出【未载入标记】提示对话框，单击【是】按钮，如图 2-28 所示。

图 2-27　删除自带的门标记族　　　　　　　　图 2-28　弹出提示对话框

20 载入先前保存的"门标记"注释族，如图 2-29 所示。

21 切换到【修改 I 放置门】上下文选项卡，在【标记】面板中单击【在放置时进行标记】按钮。然后在墙体上添加门图元，系统将自动标记门，如图 2-30 所示。

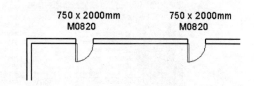

图 2-29　载入"门标记"族　　　　　　　　　图 2-30　添加门图元

22 选中门标记族，在属性面板中单击【编辑类型】按钮，在【类型属性】对话框中可以设置门标记族里面包含的两个标记的显示，如图 2-31 所示。

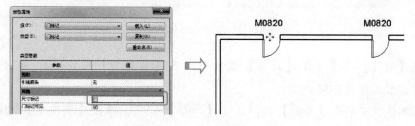

图 2-31　控制标记的显示

2.2.2　创建轮廓族

轮廓族用于绘制轮廓截面，所绘制的是二维封闭图形，在放样、融合等建模时作为轮廓截面载入使用。用轮廓族辅助建模，可以提升工作效率，而且还能通过替换轮廓族随时更改形状。在 Revit 2021 中，系统族库中自带 6 种轮廓族样板文件，如图 2-32 所示。

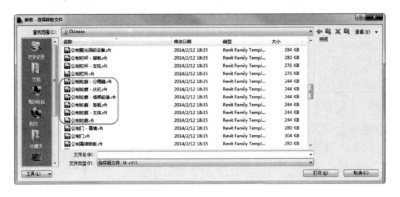

图 2-32　轮廓族样板文件

限于本章篇幅，下面仅以创建楼梯扶手轮廓族为例，详细介绍创建步骤及注意事项。扶手轮廓族常用于创建楼梯扶手、栏杆和支柱等建筑构件中。

上机操作　创建扶手轮廓族

01　在 Revit 2021 主页界面【族】选项区中单击【新建】选项，弹出【新建 – 选择样板文件】对话框。

02　选择"公制轮廓 – 扶栏.rft"族样板文件，单击【确定】按钮进入族编辑器模式中，如图 2-33 所示。

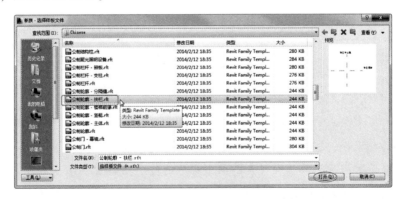

图 2-33　选择族样板文件

03　在【创建】选项卡下【属性】面板中单击【族类型】按钮，弹出【族类型】对话框，如图 2-34 所示。

04　在对话框中单击【参数】选项组中【添加】按钮，弹出【族类型】对话框，然后设置新参数名称，单击【确定】按钮，如图 2-35 所示。

图 2-34　【族类型】对话框

图 2-35　设置新参数属性

05 在【族类型】对话框中输入参数的值为 60，如图 2-36 所示。

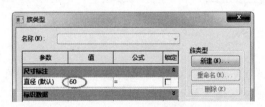

图 2-36　设置参数的值

06 同理，再添加名称为"半径"的参数，如图 2-37 所示。

图 2-37　添加"半径"参数

07 单击【创建】选项卡下【基准】面板中【参照平面】按钮 ，在"扶栏顶部"平面下方新建 2 个工作平面，利用"对齐"尺寸标注两个新平面，如图 2-38 所示。

08 选中标注为 60 的尺寸标注，然后在选项栏中选择"直径 =60"的标签，如图 2-39 所示。

09 同样的，为另一尺寸标注选择"半径 = 直径/2 =30"标签，如图 2-40 所示。

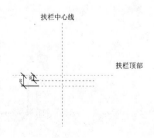

图 2-38　新建 2 个工作平面

47

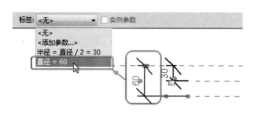

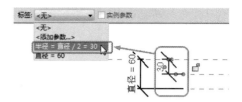

图 2-39　选择尺寸标注的标签 1　　　　　　图 2-40　选择尺寸标注的标签 2

10 单击【创建】|【详图】|【直线】按钮命令，绘制直径为 60 的圆，作为扶手的横截面轮廓，如图 2-41 所示。

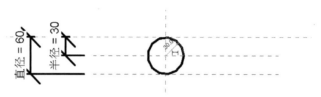

图 2-41　绘制轮廓

11 绘制轮廓后重新选中圆，然后在属性面板中勾选【中心标记可见】复选框。圆轮廓中心点显示圆心标记，如图 2-42 所示。

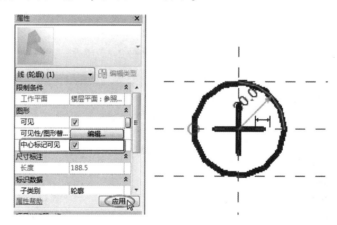

图 2-42　显示圆中心标记

12 选中圆心标记和所在的参照平面，单击【修改】面板中的【锁定】按钮进行锁定，如图 2-43 所示。

13 标注圆的半径，并为其选择"半径＝直径/2 ＝30"标签，如图 2-44 所示。

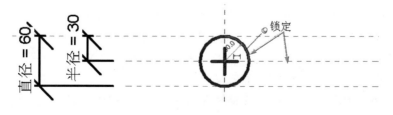

图 2-43　锁定圆心标记和参照平面

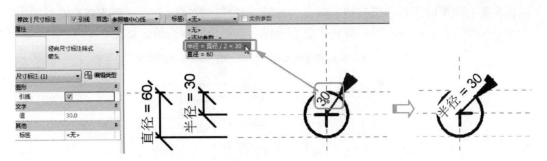

图 2-44　标注圆并选择尺寸标注标签

14 在【视图】选项卡下【图形】面板中单击【可见性图形】按钮，打开【楼层平面：参照标高的可见性/图形替换】对话框。在【注释类别】标签下取消勾选【在此视图中显示注释类别】复选框，如图 2-45 所示。

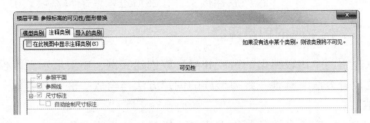

图 2-45　设置不显示注释类别

15 选中圆轮廓，在属性面板中取消勾选【中心标记可见】复选框，如图 2-46 所示。

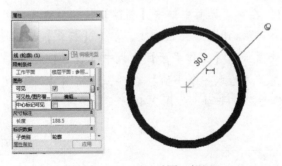

图 2-46　不显示圆心标记

16 至此，扶手轮廓族文件创建完成，保存族文件即可。

2.3　创建三维模型族

选择三维模型族样板文件后，可在族编辑器中创建三维族模型。

2.3.1　三维模型族的设计工具

三维模型族的模型表现形式分有两种：一种是基于二维截面轮廓进行扫掠得到的模型，称为实心模型；另一种是基于已建立模型的切剪而得到的模型，称为空心形状。

创建实心模型的工具包括拉伸、融合、旋转、放样、放样融合等，创建空心模型的工具包括空心拉伸、空心融合、空心旋转、空心放样、空心放样融合等，如图 2-47 所示。

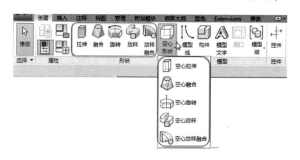

图 2-47 创建实心模型和空心形状的工具

创建模型族时，需要在主页界面【族】选项区中单击【新建】选项，打开【新族 – 选择样板文件】对话框，选择一个模型族样板文件，然后进入族编辑器模式中。

2.3.2 三维模型族的创建实例

下面我们仅介绍两个比较典型的窗族和嵌套族创建实例，主要展示三维模型族形状的绘制和类型属性的设置方法。其他三维模型族的创建方法与窗族、嵌套族类似。

1. 创建窗族

不管是什么类型的窗，其族的制作方法是一样的，接下来我们制作一个简单窗族。

⊘上机操作 **创建窗族**

01 启动 Revit 2021，在主页界面中单击【新建】按钮，弹出【新族 – 选择族样板】对话框。选择"公制窗 . rft"作为族样板，单击【打开】按钮进入族编辑器模式。

02 单击【创建】选项卡下【工作平面】面板中【设置】按钮，在弹出的【工作平面】对话框中选择【拾取一个平面】选项，单击【确定】按钮，选择墙体中心位置的参照平面作为工作平面，如图 2-48 所示。

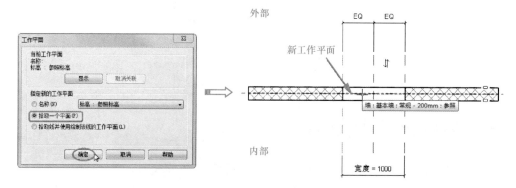

图 2-48 设置工作平面

03 在随后弹出的【转到视图】对话框中，选择【立面：外部】并打开视图，如图 2-49 所示。

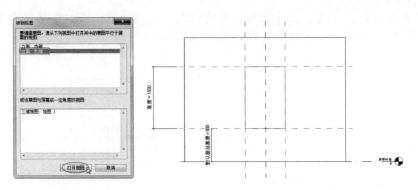

图 2-49　打开立面视图

04 单击【创建】选项卡下【工作平面】面板中【参照平面】按钮 ，然后绘制新工作平面并标注尺寸，如图 2-50 所示。

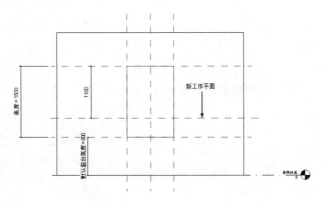

图 2-50　建立新工作平面（窗扇高度）

05 选中标注为 1100 的尺寸，在选项栏的【标签】下拉列表中选择【添加参数】选项，打开【参数属性】对话框。确定【参数类型】为【族参数】，在【参数数据】中添加参数【名称】为"窗扇高"，并设置其【参数分组方式】为【尺寸标注】，单击【确定】按钮完成参数的添加，如图 2-51 所示。

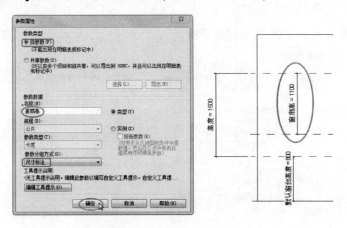

图 2-51　为尺寸标注添加参数

06 单击【创建】选项卡下【拉伸】命令，利用矩形绘制工具，以洞口轮廓及参照平面为参照，创建轮廓线并与洞口锁定，绘制完成的结果如图 2-52 所示。

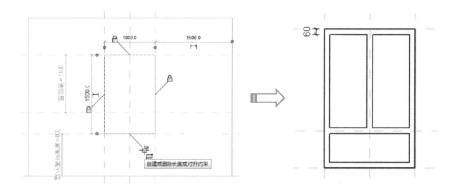

图 2-52　绘制窗框

07 利用【修改 | 编辑拉伸】上下文选项卡下【测量】面板中的【对齐尺寸标注】工具🖊标注窗框，如图 2-53 所示。

08 选中单个尺寸，然后在选项栏标签列表下选择【添加参数】选项，为选中尺寸添加命名为"窗框宽"的新参数，如图 2-54 所示。

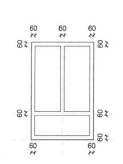

图 2-53　标注窗框尺寸

图 2-54　为窗框尺寸添加参数

09 添加新参数后，依次选中其余窗框的尺寸，并一一为其选择"窗框宽"的参数标签，如图 2-55 所示。

图 2-55　为其余尺寸选择参数标签

10 窗框中间的宽度为左右、上下对称，因此需要标注 EQ 等分尺寸，如图 2-56 所示。EQ 尺寸标注是连续标注的样式。

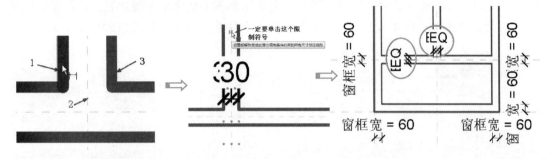

图 2-56　标注 EQ 等分尺寸

11 单击【修改 | 编辑拉伸】上下文选项卡下【完成编辑模式】按钮 ✔，完成轮廓截面的绘制。在窗口左侧的属性选项板中设置【拉伸起点】为 −40，【拉伸终点】为 40，单击【应用】按钮，完成拉伸模型的创建，如图 2-57 所示。

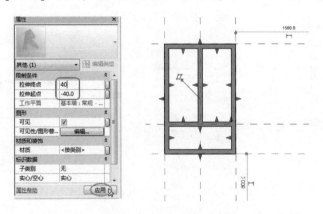

图 2-57　完成拉伸模型的创建

12 在拉伸模型仍然处于编辑状态下，在属性选项板中单击【材质】右侧的【关联族参数】按钮，打开【关联族参数】对话框并单击【添加参数】按钮，如图 2-58 所示。

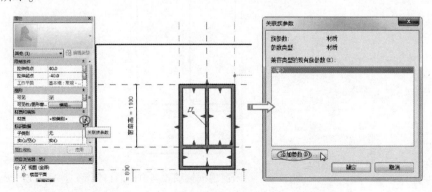

图 2-58　添加材质参数

13 设置材质参数的【名称】【参数分组方式】等，如图 2-59 所示。最后依次单击两个对话框的【确定】按钮，完成材质参数的添加。

14 窗框制作完成后，接下来制作窗扇。制作窗扇部分的模型与制作窗框是一样的，只是截面轮廓、拉伸深度、尺寸参数、材质参数有所不同，如图 2-60、图 2-61 所示。

图 2-59　设置材质参数

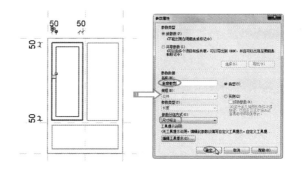

图 2-60　绘制窗扇框并添加尺寸参数

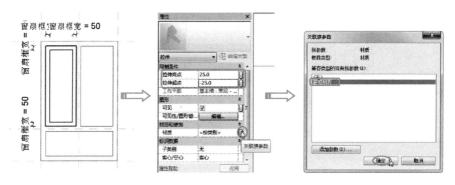

图 2-61　设置拉伸深度并添加材质关联族参数

技术要点

在以窗框洞口轮廓为参照创建窗扇框轮廓线时，切记要与窗框洞口锁定，这样才能与窗框发生关联，如图 2-62 所示。

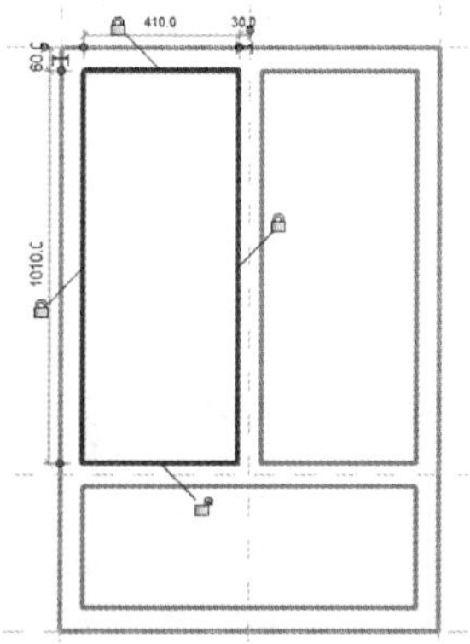

图 2-62　绘制窗扇框轮廓要与窗框洞口锁定

15 右边的窗扇框和左边窗扇框形状、参数是完全相同的，我们可以采用复制的方法来创建。选中第一扇窗扇框，在【修改 | 拉伸】上下文选项卡下【修改】面板中单击【复制】按钮 📷，将窗扇框复制到右侧窗口洞中，如图 2-63 所示。

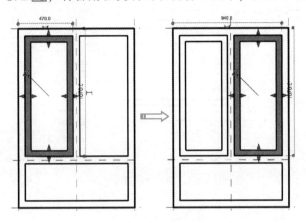

图 2-63　复制窗扇框

16 创建玻璃构件及相应的材质。在绘制的时候要注意将玻璃轮廓线与窗扇框洞口边界锁定，并设置拉伸起点、终点、构件可见性、材质参数等，完成的拉伸模型如图 2-64、图 2-65 所示。

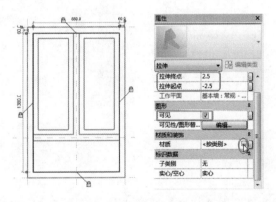

图 2-64　绘制玻璃轮廓并设置拉伸参数、可见性

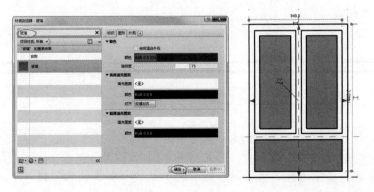

图 2-65　设置玻璃材质

17 在项目管理器中，打开【楼层平面】I【参照标高】视图。标注窗框宽度尺寸，并添加尺寸参数标签，如图 2-66 所示。

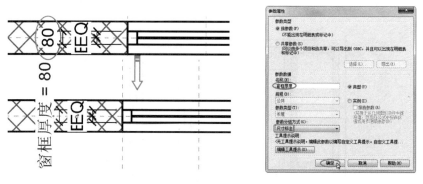

图 2-66　添加尺寸及参数标签

18 至此完成了窗族的创建，结果如图 2-67 所示。保存窗族文件。

19 测试所创建的窗族。新建建筑项目文件，进入到建筑项目环境中。在【插入】选项卡下【从库中载入】面板中单击【载入族】按钮，从源文件夹中载入"窗族.rfa"文件，图 2-68 所示。

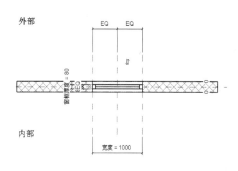

图 2-67　创建的窗族

图 2-68　载入族

20 利用【建筑】选项卡下【构建】面板中的【墙】工具，任意绘制一段墙体，然后将项目管理器【族】I【窗】I【窗族】节点下的窗族文件拖曳到墙体中放置，如图 2-69 所示。

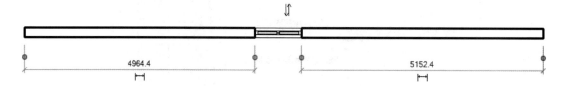

图 2-69　拖动窗族到墙体中

21 在项目浏览器中选择三维视图，然后选中窗族。在属性选项板中单击【编辑类型】按钮，在【类型属性】对话框的【尺寸标注】选项组中，可以设置窗族高度、宽度、窗扇高度、窗扇框宽、窗扇高、窗框厚度等尺寸参数，以测试窗族的可行性，如图 2-70 所示。

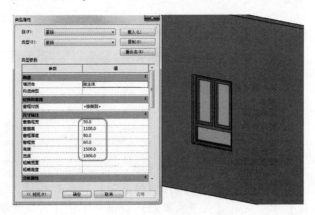

图 2-70　测试窗族

2. 创建嵌套族

除了类似窗族的制作方法外，还可以在族编辑器模式中载入其他族（包括轮廓、模型、详图构件及注释符号族等），在族编辑器模式中组合使用这些族来制作新的族，这种将多个简单的族嵌套在一起组合成的族称为嵌套族。

下面以制作百叶窗族为例，详解嵌套族的制作方法。

上机操作　创建嵌套族

01 打开"百叶窗.rfa"族文件。切换至三维视图，注意该族文件中已经使用拉伸形状完成了百叶窗窗框，如图 2-71 所示。

02 单击【插入】选项卡下【从库中载入】面板中【载入族】按钮，载入本章源文件夹中的"百叶片.rfa"族文件，如图 2-72 所示。

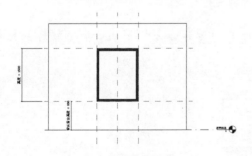

图 2-71　打开百叶窗族文件

图 2-72　载入族

03 切换至"参照标高"楼层平面视图。在【创建】选项卡下【模型】面板中单击【构件】按钮，打开【修改|放置构件】上下文选项卡。

04 在平面视图中的墙外部位置单击以放置百叶片，使用【对齐】工具，对齐百叶片中心线至窗中心参照平面，单击【锁定】符号按钮，锁定百叶片与窗中心线（左/右）位置，如图 2-73 所示。

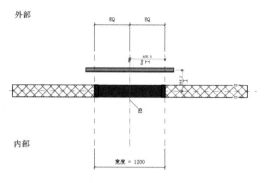

图 2-73　添加构件

05　选择百叶片，在属性选项板中单击【编辑类型】按钮打开【类型属性】对话框。单击【百叶长度】参数后的【关联族参数】按钮，打开【关联族参数】对话框。选择【宽度】参数，单击【确定】按钮，返回【类型属性】对话框，如图 2-74 所示。

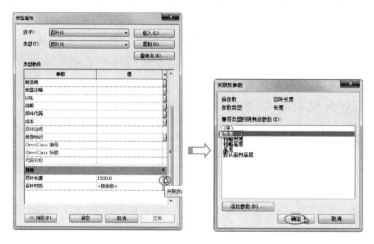

图 2-74　选择关联参数

06　此时可看到"百叶片"族中的百叶长度与"百叶窗族"中的宽度关联（相等），如图 2-75 所示。

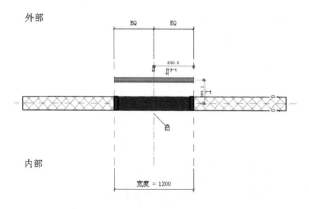

图 2-75　关联百叶长度与百叶窗宽度

07 采用相同的方式关联百叶片的"百叶材质"参数与"百叶窗"族中的"百叶材质"。

08 在项目浏览器中切换至【视图】|【立面】|【外部】立面视图，如图 2-76 所示，使用【参照平面】工具在窗"底"参照平面上方 90mm 处绘制参照平面，修改标识数据"名称"为"百叶底"。

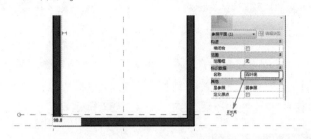

图 2-76　绘制参照平面

09 在"百叶底"参照平面与窗底参照平面添加尺寸标注并添加锁定约束。将百叶族移动到"百叶底"参照平面上，使用【对齐】工具对齐百叶片底边至"百叶底"参照平面并锁定与参照平面间对齐约束，如图 2-77 所示。

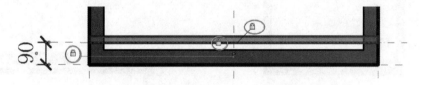

图 2-77　移动百叶族并与参照平面对齐

10 在窗顶部绘制名为"百叶顶"的参照平面，标注百叶顶参照平面与窗顶参照平面间的尺寸标注并添加锁定约束，如图 2-78 所示。

图 2-78　绘制"百叶顶"参照平面

11 切换至"参照标高"楼层平面视图，使用【修改】选项卡下【对齐】命令，对齐百叶中心线与墙中心线。单击【锁定】按钮，锁定百叶中心与墙体中心线位置，如图 2-79 所示。

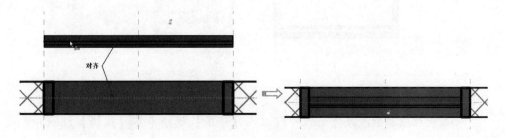

图 2-79　对齐百叶窗与墙体

12 切换至外部立面视图。选择百叶片，单击【修改 | 常规模型】选项卡下【修改】面板中【阵列】按钮，设置选项栏中的阵列方式为【线性】，勾选【成组并关联】复选框，设置【移动到】选项为【最后一个】，如图 2-80 所示。

图 2-80　设置阵列选项

13 拾取百叶片上边缘作为阵列基点，向上移动至"百叶顶"参照平面，如图 2-81 所示。

14 使用【对齐】工具对齐百叶片上边缘与百叶顶参照平面，单击【锁定】符号按钮，锁定百叶片与百叶顶参照平面位置，如图 2-82 所示。

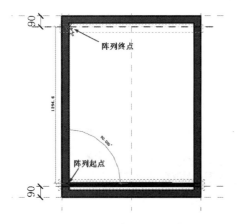

图 2-81　选择阵列起点和终点

图 2-82　对齐百叶上边缘与百叶顶参照平面

15 选中阵列的百叶片，再选择显示的阵列数量临时尺寸标注，单击选项栏标签列表中的【添加标签】选项，打开【参数属性】对话框，新建名称为"百叶片数量"的族参数，如图 2-83 所示。

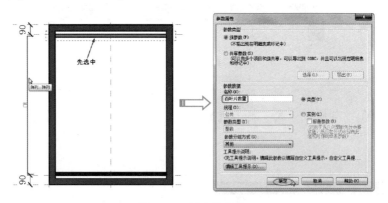

图 2-83　新建族参数

> **技术要点**　　选中阵列的百叶片后，如果没有显示数量尺寸标注，可以滚动鼠标以显示。如果无法选择数量尺寸标注，可以在【修改】选项卡下【选择】面板中取消勾选【按面选择图元】复选框，即可解决此问题，如图 2-84 所示。

16　单击【修改】选项卡下【属性】面板中【族类型】按钮，打开【族类型】对话框，修改【百叶片数量】参数值为 18，其他参数不变，单击【确定】按钮，百叶窗效果如图 2-85 所示。

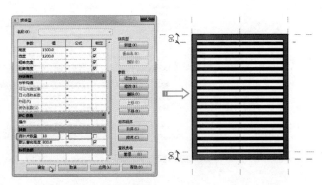

图 2-84　取消勾选【按面选择图元】复选框　　　　　　　　图 2-85　修改百叶片数量

17　再次打开【族类型】对话框。单击参数栏中的【添加】按钮，弹出【参数属性】对话框。

18　在对话框中输入参数【名称】为"百叶间距"，设置【参数类型】为【长度】，单击【确定】按钮，返回【族类型】对话框。修改【百叶间距】参数值为 50，单击【应用】按钮应用该参数，如图 2-86 所示。

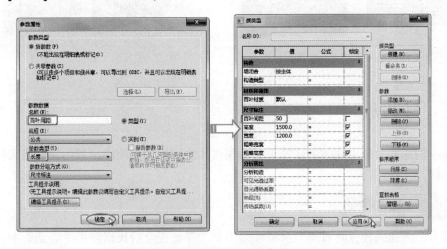

图 2-86　添加族参数并修改值

> **技术要点**　　务必单击【应用】按钮使参数及参数值应用生效，之后再进行下一步操作。

19　在【百叶片数量】参数后的公式栏中输入"（高度 – 180）/ 百叶间距"，完成后单击【确定】按钮，关闭对话框，如图 2-87 所示。随后 Revit 将自动根据公式计算百叶数量。

20　完成的百叶窗族（嵌套族）如图 2-88 所示。保存族文件。

图 2-87　输入公式

21 建立空白项目，载入该百叶窗族，使用【窗】工具插入百叶窗，如图 2-89 所示。Revit 会自动根据窗高度和【百叶间距】参数计算阵列数量。

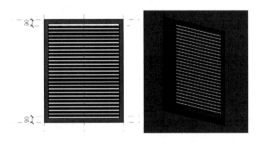

图 2-88　创建完成的百叶窗族

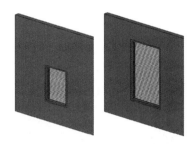

图 2-89　百叶窗族验证

2.4　测试族

前面我们详细介绍了族的创建知识，而在实际使用族文件前还应对创建的族文件进行测试，以确保其正确性。

2.4.1　测试目的

测试自己创建的族，其目的是保证族的质量，避免在今后长期使用中受到影响。下面我们以一个门族为例，详解如何测试和修改族。

1. 确保族文件的参数参变性能

对族文件的参数参变性能进行测试，从而保证族在实际项目中具备良好的稳定性。

2. 符合国内建筑设计的国标出图规范

参考我国建筑设计规范与图集，以及公司内部有关线型、图例的出图规范，对族文件在不同视图和粗细精度下的显示进行检查，从而保证项目文件最终的出图质量。

3. 确保统一性

族文件统一性虽然不直接影响到质量本身，但如果能在创建族文件时注意统一性方面的设置，将对族库的管理非常有帮助，而且在将族文件载入项目文件后，可为项目文件的创建带来一定的便利。统一性包括如下几方面。

- 族文件与项目样板的统一性：在项目文件中加载族文件后，族文件自带的信息，例如材质、填充样式、线性图形等被自动加载至项目中。如果项目文件已包含同名的信息，则族文件中的信息将会被项目文件所覆盖。因此，在创建族文件时，建议尽量参考项目文件已有的信息，如果有新建的需要，则在命名和设置上与项目文件保持统一，以免造成信息冗余。
- 族文件自身的统一性：规范族文件的某些设置，例如插入点、保存后的缩略图、材质、参数命名等，将有利于族库的管理、搜索以及载入项目文件后本身包含的信息的统一。

2.4.2　测试流程

族的测试过程可以概括为：依据测试文档的要求，将族文件分别在测试项目环境中、族编辑器模式和文件浏览器环境中进行逐条测试，并建立测试报告。

1. 制定测试文件

不同类别的族文件的测试方式是不一样的，可先将族文件按照二维和三维进行分类。

三维族文件包含大量不同的族类别，部分族类别创建流程、族样板功能和建模方法具有很高的相似性。例如，常规模型、家具、橱柜、专用设备等族，其中家具族具有一定的代表性，因此建议以家具族文件测试为基础，制定"三维通用测试文档"，同时门、窗和幕墙嵌板之间也具有高度相似性，但测试流程和测试内容相比于家具要复杂很多，可以合并作为一个特定类别指定测试文档。而对于部分具有特殊性的构件，可以在"三维通用测试文档"的基础上添加或者删除一些特定的测试内容，制定相应的测试文档。

针对二维族文件，详图构件族的创建流程和族样板功能具有典型性，建议以此类别为基础，指定通用的"二维通用测试文档"。标题栏、注释及轮廓等族也具有一定的特殊性，可以在"二维通用测试文档"的基础上添加或者删除一些特定的测试内容，制定相应测试文档。

针对水暖电的三维族，还应在族编辑器模式和项目环境中对连接件进行重点测试。根据族类别和连接件类别（电气、风管、管道、电缆桥架、线管）的不同，连接件的测试点也不同。一般在族编辑器模式中，应确认以下设置和数据的正确性：连接件位置、连接件属性、主连接件设置、连接件链接等，在项目环境中，应测试族能否正确地创建逻辑系统，以及能否正确使用系统分析工具。

针对三维结构族，除了参变测试和统一性测试以外，要对结构族中的一些特殊设置做重点的检查，因为这些设置关系到结构族在项目中的行为是否正确。例如，检查混凝土机构梁的梁路径的端点是否与样板中的"构件左"和"构件右"两条参照平面锁定；检查结构柱族的实心拉伸的上边缘是否拉伸至"高于参照 2500"处，并与标高锁定；是否将实心拉伸的下边缘与"低于参照标高 0"的标高锁定等。而后可将各类结构族加载到项目中检查族的行为是否正确，例如钢筋是否充满在绿色虚线内、弯钩方向是否正确、是否出现畸变、保护层位置是否正确等。

测试文档的内容主要包括：测试项目、测试方法、测试标准和测试报告四个方面。

2. 创建测试项目文件

针对不同类别的族文件，测试时需要创建相应的项目文件，模拟族在实际项目中的调用过程，从而发现可能存在的问题。例如在门窗的测试项目文件中创建墙，用于测试门窗是否能正确加载。

3. 在测试项目环境中进行测试

在已经创建的项目文件中，加载族文件，检查不同视图下族文件的显示和表现。改变族文件类型参数与系统参数设置，检查族文件的参变性能。

4. 在族编辑器模式中进行测试

在族编辑器模式中打开族文件，检查族文件与项目样板之间的统一性，例如材质、填充样式和图案等，以及族文件之间的统一性，例如插入点、材质、参数命名等。

5. 在文件浏览器中进行测试

在文件浏览器中，观察文件缩略图显示情况，并根据文件属性查看文件量大小是否处于正常范围。

6. 完成测试报告

参照测试文档中的测试标准，对于错误的项目逐条进行标注，完成测试报告，以便于接下来的文件修改。

2.5　Revit 族库插件介绍

为了能提高 Revit 项目设计效率，工程师通常会使用 Revit 官方自带的构件族或基于 Revit 平台的族库插件来载入构件族。下面介绍几款国内软件公司开发的完全免费使用的 Revit 族库插件。

2.5.1　云族 360 构件平台（网页版）

云族 360 是鸿业科技旗下的一款软件产品。该软件主要针对企业用户和个人用户，个人用户使用族是完全免费的，在鸿业官网（http://bim.hongye.com.cn/）的【产品系列】页面中，选择【云族 360】产品可进入云族 360 网页版页面，如图 2-90 所示。

图 2-90　在官网访问云族 360 网页版

如果是企业用户，可在鸿业官网（http://bim.hongye.com.cn/）的【产品系列】页面中，选择【鸿业云族 360 企业族库管理系统】产品，访问企业族库网页版，如图 2-91 所示。

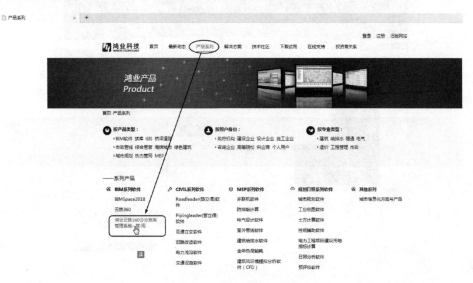

图 2-91　在官网访问企业族库

在云族 360 的网页版页面中，有建筑结构专业、给排水专业、暖通专业、管廊专业、建筑电气专业及其他专业的族库，如图 2-92 所示。

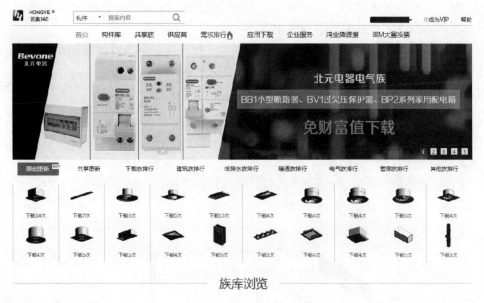

图 2-92　云族 360 网页版页面

在此页面中，选择需要的专业族后，系统会提示需要登录账户，如果没有，可以单击网页页面顶部的【注册】选项进行账号注册。

登录账号以后，即可下载想要的族了。图 2-93 为一个专业族的下载页面。从网页版下载的族，将保存在用户自定义的路径下，再通过 Revit 载入。

图 2-93　族的下载

2.5.2　红瓦族库大师

红瓦族库大师是一款基于互联网的企业级 BIM 构件库管理平台。族库大师企业管理平台通过授权、共享、加密机制，协助建筑企业建立安全、高效的企业级 BIM 构件库，形成 BIM 基础数据标准，有效提升企业 BIM 核心竞争力。

族库大师有插件端、网页端、企业后台管理端。插件端提供高效便捷的操作体验，让找族、建模的速度更快。

无须打开 Revit 软件，网页端支持轻量级浏览和相关族文件管理操作，图 2-94 所示。

图 2-94　从网页端打开族库大师

企业后台管理端打通多个应用端，可网页登录，能够随时随地分配或收回授权。

要使用族库大师，需要到红瓦官网下载并安装"FamilyMasterV5.11.exe"程序，族库大师可以与 Revit 2014 至 Revit 2021 软件结合使用。安装成功后，Revit 功能区中会自动加载【族库大师 V5.1】选项卡，如图 2-95 所示。

图 2-95　Revit 功能区中【族库大师 V5.1】选项卡

如果是个人用户，可使用【公共/个人库】工具，若是企业用户，则使用【企业族库】工具，当然，企业用户也可以使用【公共/个人库】。

2.5.3　构件坞

构件坞是广联达科技公司旗下的一款产品，是一个面向 BIM 设计师的公共构件库。设计师在进行 BIM 建模时，可以在构件坞里搜索并下载 BIM 构件，减少重复劳动，提升建模效率。

构件坞提供的构件涵盖工程设计的各个专业，包括建筑、结构、机电等，同时，也支持多个设计阶段，包括方案设计、详细设计、深化设计等。构件的类型有通用构件和真实产品构件，通用构件用于帮助设计师表达设计意图，而真实产品构件则是由供应商（包括设备、材料、PC 厂家等）提供，真实产品构件能够帮助设计师（尤其是正向设计、深化设计）实现一体化的设计过程。构件坞提供的构件是跨平台的，支持常用的设计软件（包括 Revit、SketchUP、BIMMAKE 等），可以下载不同的文件格式。

除了提供构件内容，构件坞还提供了构件管理的工具，能够帮助个人或企业管理私有的构件数据，帮助个人或企业积累自己的数据资产，便于知识沉淀和项目复用。

构件坞插件的下载地址为 https://www.goujianwu.com/plugin。下载插件并安装后，重新启动 Revit 2021 软件，Revit 项目环境中自动加载【构件坞】选项卡，通过该选项卡，可以调用广联达构件坞的所有构件族，如图 2-96 所示。

图 2-96　Revit 功能区中【构件坞】选项卡

2.6　平法标注注释族的应用

概括来讲，建筑结构施工图平面整体设计方法（简称平法）表达形式是把结构构件的尺寸和配筋等，按照平面整体表示方法制图规则，整体直接表达在各类构件的结构平面布置图上，再与标准构造详图相配合，构成一套新型完整的结构设计。

在 C 型联排别墅的结构图中，结构梁、结构柱、剪力墙及结构楼板均采用了平法标注，Revit 中没有类似的标注样式（注释族），需要用户自定义平法标注注释族。

2.6.1　梁平法标注

在 C 型联排别墅的一层结构图中，梁平法标注示例如图 2-97 所示。

那么梁平法标注中表达的含义是什么呢？梁的平面注写包括集中注写和原位注写。

- 集中标注：表达梁的通用数值。
- 原位标注：表达梁的特殊数值。

当集中标注中的某项数值不适用于梁的某部位时，则将该项数值原位标注，施工中，原位标注优先于集中标注。图 2-98 中的梁平法标注为集中标注形式和原位标注形式的范例。

梁平法的集中标注包含以下内容。

- KL7（3）300×700：梁编号与梁截面尺寸。表示编号为 KL7、跨数为 3。

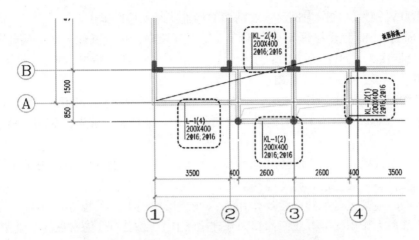

图 2-97 一层结构平面图中的梁平法标注

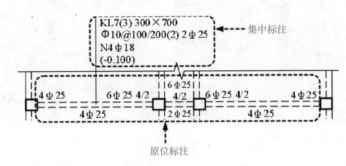

图 2-98 梁钢筋的标注方法

- Φ10@100/200（2）（箍筋）：钢筋等级直径符号（1级）、直径10mm、加密区间距100mm及非加密区间距200mm、全为双肢箍。
- 2Φ25：梁上部通长筋。2条钢筋等级为2级的直径为25mm的螺纹钢。
- N4Φ18：梁侧面纵筋。表示梁两侧的抗扭钢筋，每侧各配置两根钢筋等级为2级且直径为18mm的钢筋。
- （-0.100）：梁顶面标高高差（该项为选注）。

图 2-99 为梁平法中结构梁的分类及梁编号规则图。

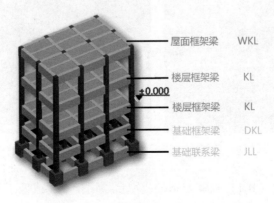

图 2-99 梁平法的结构梁分类

以 C 型联排别墅结构图为例，一般结构件构件代号及说明如下。

KZ：框架柱，KL：楼层框架梁，WKL：屋面框架梁，JC：基础，JL：基础梁，TZ：楼梯柱，L：楼层次梁，ZH：桩，CT：承台，LZ：梁上柱，AL：暗梁，WL：屋面次梁，GZ：构造柱，QL：圈梁，GL：过梁，ZL：折梁。

本例结构图中代号 JL 为基础梁，而图 2-84 中的基础联系梁为 JLL，另外还有代号为 DKL 的地下框架梁和代号为 DL 的地梁，这四者有什么区别呢？首先，这四个概念都是与基础有关。

要解答这个疑惑，首先要清楚"地基反力"的概念。我们知道，作用于建筑结构上的荷载和结构物自重，通过柱和墙传递到基础，基础又将其传递到地基土。基础对地基土产生了作用力，同时地基土对基础产生反作用力，这个反作用力，工程界称其为"地基反力"。凡是受到地基反力作用的梁，我们称其为基础梁（JL）。图 2-100 为常见的基础梁。

图 2-100　承受"地基反力"的基础梁

与基础梁相反，不受到地基反力作用的梁，或者地基反力仅仅是地下梁及其覆土的自重产生，不是由上部荷载的作用所产生，这样的地下梁，就不是结构分析意义上的"基础梁"，是"基础拉梁"、"基础连梁"或者是地下框架梁。

地下框架梁（DKL）的下表面与基础或承台顶面齐平，或高于基础或承台顶面。地下框架梁是指设置在基础顶面以上且低于建筑标高 ±0.000（室内地面）并以框架柱为支座的梁。其纵向钢筋必须按照上部框架梁的相关要求锚入柱子。因为此种情形，DKL 梁与基础顶面存在一个 ≥0 的广义空间，梁必须锚入柱子。图 2-101 为常见地下框架梁结构。

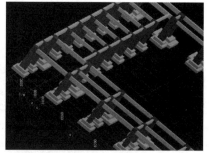

图 2-101　地下框架梁结构

基础拉（联系）梁（JLL）顶部与基础或承台顶面持平，或低于基础或承台顶面。基础拉（联系）梁的锚固是在基础内部，而不是锚固在柱子内，因为在施工过程中，框架结构柱 KZ 还未形成，只有几根插筋。图 2-102 为常见基础联系梁结构。

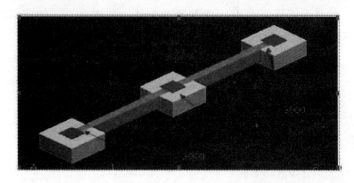

图 2-102　基础联系梁结构

地梁（DL）专业术语叫"地圈梁"，其作用主要是调节可能发生的不均匀沉降，加强基础的整体性，使地基反力更均匀点，同时还具有圈梁的作用和防水防潮的作用，条形基础的埋深过大时，接近地面的圈梁可以作为首层计算高度的起算点，地圈梁一般用于砖混、砌体结构中，不起承重作用，对砌体有约束作用，有利于抗震。图 2-103 为常见地梁结构。

图 2-103　地梁结构

2.6.2　创建梁平法集中标注注释族

本例 C 型别墅的一层结构平面图中梁平法标注的含义如图 2-104 所示。

KL-1(2) ◀── 编号为KL-1的梁，有2跨
200X400 ◀── 梁截面尺寸（梁宽×梁高）
2Φ16;2Φ16 ◀── 上、下各布置2条钢筋等级为二级的、直径为16mm的通长筋

图 2-104　梁平法标注含义

上机操作 创建梁平法注释族

01 在主页界面的【族】组中单击【新建】按钮，在系统族库的【注释】文件夹中选择"公制常规注释.rft"族样板文件，进入到族编辑器模式中，如图 2-105 所示。

02 删除族编辑器中默认的文字注释，如图 2-106 所示。在【创建】选项卡下【文字】面板中单击【标签】按钮🅰，在相同的位置上放置标签，弹出【编辑标签】对话框，如图 2-107 所示。

图 2-105　选择族样板文件

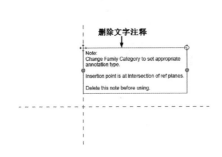

图 2-106　删除文字注释

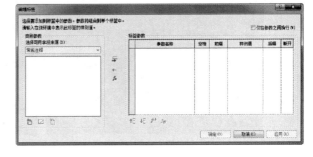

图 2-107　【编辑标签】对话框

03 在【编辑标签】对话框的左下角单击【添加参数】按钮🗋，弹出【参数属性】对话框。选中【共享参数】单选按钮，在【参数分组方式】下拉列表中选择【文字】选项，选中【实例】单选按钮，再单击【选择】按钮，如图 2-108 所示。

> **技术要点**　【类型】选项与【实例】选项的区别是，【类型】选项将会对所有的注释标记起相同作用，例如输入一个梁编号，其他注释标记中的编号将会使用一个统一的名称，这是不允许的。【实例】选项仅针对独立的注释标记，不会影响其他注释标记。

04 在弹出的【共享参数】对话框中单击【编辑】按钮，如图 2-109 所示。

05 在弹出的【编辑共享参数】对话框中单击【新建】按钮，在弹出的【参数属性】对话框中设置新参数的属性，如图 2-110 所示。

图 2-108　设置参数属性

图 2-109　编辑共享参数

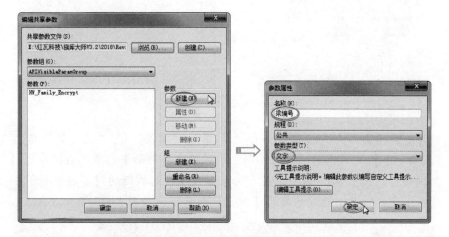

图 2-110　新建共享参数

06　继续新建其他的共享参数，例如"梁宽"（参数类型为【长度】）"梁高"（参数类型为【长度】）、"通长筋"等共享参数，如图 2-111 所示。

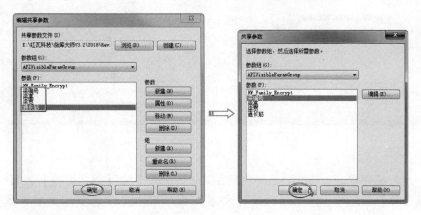

图 2-111　添加共享参数

07 单击【确定】按钮关闭【编辑共享参数】对话框。在【共享参数】对话框中选择【梁编号】参数，单击【确定】按钮关闭对话框。

08 单击【参数属性】对话框中【确定】按钮，完成共享参数的添加，添加的参数位于【编辑标签】对话框的参数列表中，如图 2-112 所示。

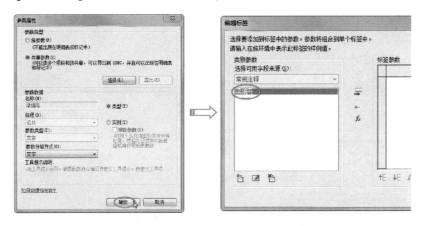

图 2-112　完成共享参数的添加

09 同理，连续操作几次，依次添加"梁宽""梁高"及"通长筋"等共享参数到【编辑标签】对话框的参数列表中。然后依次选中单个共享参数，单击【将参数添加到标签】按钮，逐一将几个共享参数添加到右侧的【标签参数】列表中，勾选第 1 个和第 3 个标签参数的【断开】复选框，如图 2-113 所示。

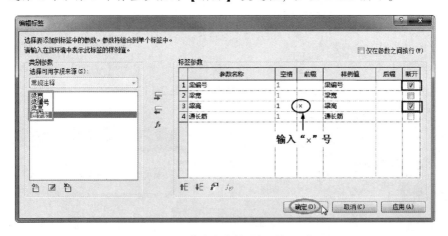

图 2-113　将共享参数添加到标签中

10 创建完成的标签如图 2-114 所示。在属性面板中单击【编辑类型】按钮，弹出【类型属性】对话框，在对话框的【文字】选项组中重新选择【文字字体】为【Revit】，完成后单击【确定】按钮关闭对话框，如图 2-115 所示。

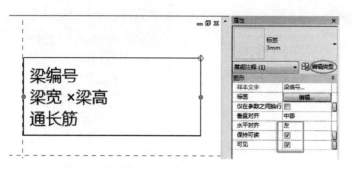

图 2-114　创建完成的标签

图 2-115　设置文字字体样式

技术要点

　　为什么要设置文字字体呢？这是因为 Revit 中的常用字体是 Windows 的默认字体，这些常用字体不能表现出钢筋的等级符号，必须使用 Revit 专用字体才可以，这个字体文件可在本例源文件夹中找到（"Revit 钢筋符号字体 .ttf"），直接双击字体文件即可安装。图 2-116 为安装 Revit 专用字体后，键盘输入与对应的钢筋等级符号。

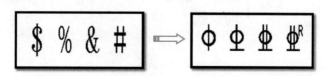

图 2-116　键盘输入与对应的钢筋等级符号

11　在【创建】选项卡下【详图】面板中单击【线】按钮，在标签左侧绘制竖直引线，绘制引线后在属性面板中勾选三个复选框，如图 2-117 所示。

图 2-117 绘制引线

12 将建立的梁平法注释族保存为"梁平法注释（向上、向左）"。创建的这个注释族目前只能标注竖直向上方向和旋转后水平向左标注，如图 2-118 所示（图中虚线框的标注）。

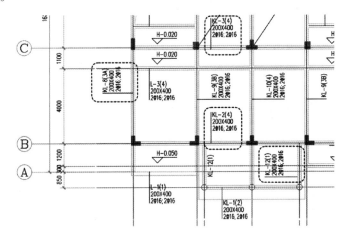

图 2-118 梁平法标注的四种类型

13 对于其余两种标注类型（竖直向下标注和水平向右标注）如何处理呢？可以复制这个梁平法注释族，然后进入到族编辑器模式中进行修改，修改后结果如图 2-119 所示。

图 2-119 复制并编辑注释族

14 将编辑修改的注释族另存为"梁平法注释（向下、向有）"。

15 其他的如柱平法标注、剪力墙平法标注和承台平法标注等的注释族，统一创建为"结构基础标记"族，选取的族模板为"公制常规标记"族文件。

第3章

Revit 混凝土结构设计

本章导读 《

基于 BIM 的虚拟建造技术是在 Revit 模型基础之上建立起来的。Revit 的建筑结构项目设计环境就是建筑构件的装配设计环境。本章我们将学习如何利用 Revit 2021 软件进行建筑结构设计，以实际项目的 BIM 模型创建过程作为导线，全面介绍 Revit 的混凝土结构设计功能。

案例展现 《

案 例 图	描 述
	本例建筑项目为中润东宸壹号院别墅一期项目。项目规划地块位于山东东营市莒州路以东，大渡河路以南。项目分两期开发，一期占地约 40000m²，建筑面积 50000m²，容积率 1.3，绿化率高达 36%，建筑密度仅为 22%，是由 10 栋联排别墅和 5 栋 13 层的高层构成，其中联排别墅共计 66 套，面积区间是 190～220m²
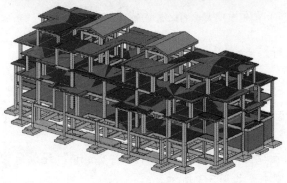	本项目的使用功能为住宅楼，上部结构为现浇异形柱框架轻质墙结构（简称异形柱框架结构），地面以上 3 层，地面以下 1 层。标高以 m 为单位，其余尺寸均以 mm 为单位

3.1 Revit 标高和轴网

在 Revit 中标高与轴网用来定位及定义楼层高度和视图平面，也就是设计基准。标高不是必须作为楼层层高，有时也用于窗台及其他结构件的定位。

3.1.1 创建与编辑标高

仅当视图为"立面（建筑立面）"视图时，项目环境中才会显示系统默认建立的标高，如图 3-1 所示。

图 3-1 标高

标高是有限水平平面，用作屋顶、楼板和顶棚等以标高为主体的图元的参照。可以调整其范围的大小，使其不显示在某些视图中，如图 3-2 所示。

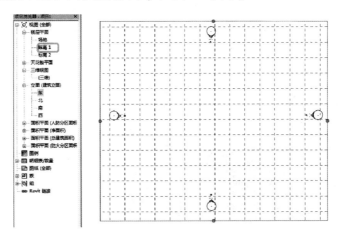

图 3-2 可以编辑范围大小的标高平面

创建新标高必须在立面视图中进行。

上机操作 创建并编辑标高

01 启动 Revit 2021，在主页界面的【模型】组中单击【新建】按钮，打开【新建项目】对话框。

02 单击【浏览】按钮，选择前面建立的"Revit 2021 中国样板.rte"建筑结构样板文件，进入 Revit 2021 项目环境中，如图 3-3 所示。

图 3-3　新建建筑项目文件

03 图形区中默认显示的是"标高 1"结构平面视图。在项目浏览器中切换"标高 1"结构平面视图为"东"立面视图，东立面视图中显示预设的标高，如图 3-4 所示。

图 3-4　预设的标高

04 由于加载的样板文件为 GB 标准样板，所以项目单位无须更改。如果不是中国建筑样板，切记首先在【管理】选项卡下【设置】面板中单击【项目单位】按钮，打开【项目单位】对话框，设置长度为 mm、面积为 m^2、体积为 m^3，如图 3-5 所示。

05 在【结构】选项卡下【基准】面板中单击 标高 按钮，接着在选项栏中单击 平面视图类型... 按钮，在弹出的【平面视图类型】对话框中选择视图类型为【楼层平面】，如图 3-6 所示。

> **技术要点**　如果该对话框中其余的视图类型也被选中，则可以按住 Ctrl 键进行单击，以取消视图类型的选择。

图 3-5　设置项目单位

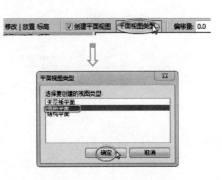

图 3-6　设置平面视图类型

06　在图形区中捕捉标头位置对齐线（蓝色虚线）作为新标高的直线起点，如图 3-7 所示。

图 3-7　捕捉标头对齐线

07　单击以确定起点，水平绘制标高直线，直到捕捉到另一侧标头对齐线，单击以确定标高线终点，如图 3-8 所示。

图 3-8　捕捉另一侧标头对齐线

08　绘制的标高处于激活状态，此时我们可以更改标高的临时尺寸值，修改后标高符号上面的值将随之而变化，而且标高线上会自动显示"标高 3"名称，如图 3-9 所示。

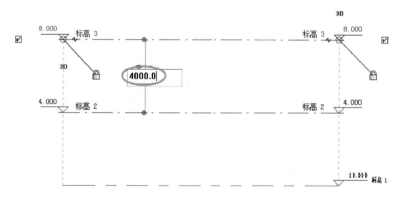

图 3-9　修改标高临时尺寸

09 按下 Esc 键退出当前操作。接下来介绍另一种较为高效的标高创建方法——复制方法。此种方法可以连续性创建多个标高值相同的标高。

10 选中刚才建立的"标高 3"，切换到【修改 | 标高】上下文选项卡。单击此上下文选项卡下【复制】按钮 🔲，并在选项栏中勾选【多个】复选框。然后在图形区"标高 3"上任意位置拾取复制的起点，如图 3-10 所示。

11 往垂直方向向上移动，并在某点位置单击放置复制的"标高 4"，如图 3-11 所示。

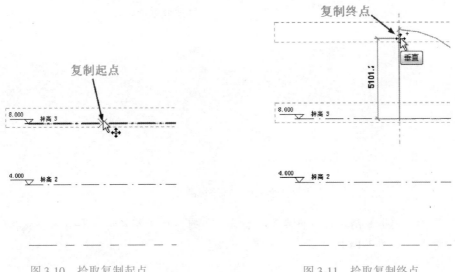

图 3-10　拾取复制起点　　　　　　　　　图 3-11　拾取复制终点

12 继续向上单击以放置复制的标高，直到完成所有的标高，按下 Esc 键退出，如图 3-12 所示。

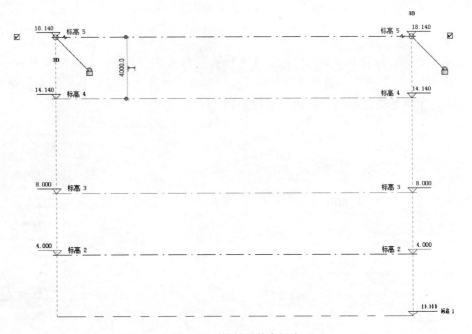

图 3-12　复制出其余标高

> **技术要点**　如果是高层建筑，使用复制功能创建标高的效率还是不够，笔者建议使用【阵列】工具，一次性完成所有标高的创建。这里不再详解，大家可以自行完成操作。

13 修改复制后的每一个标高值，最上面的标高要修改标头上的总标高值，修改结果如图 3-13 所示。

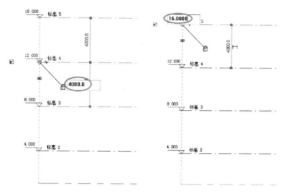

图 3-13　修改标高值

14 同样，利用复制功能，将名为"标高 1"的标高向下复制，得到一个负数标高值的标高，如图 3-14 所示。

图 3-14　复制出负值的标高

15 不难看出，标高 1 和其他的标高（上标头）的族属性不同，如图 3-15 所示。

16 选中标高 1，然后在属性选项板的类型选择器中重新选择【正负零标头】选项，使其与其他标高类型保持一致，如图 3-16 所示。

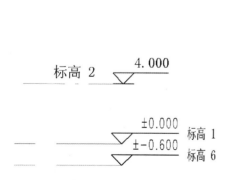

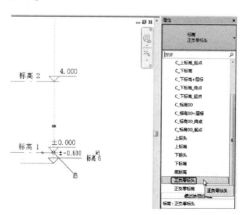

图 3-15　不同属性的标高 1 和标高 2　　　　　图 3-16　为标高 1 重新选择标高类型

17 同理，名为"标高 6"的标高在正负零标头之下，因此重新选择属性类型为【标高：下标头】，如图 3-17 所示。

18 删除【结构平面】视图节点下的"场地"结构平面视图（选中视图并按下 Delete 键即可删除）。"标高 6"标高则按使用性质为其修改名称，例如此标高用作室外场地标高，那么可以在属性选项板中重新命名为"场地"，如图 3-18 所示。

<table>
<tr><td>技术
要点</td><td>　　　结构设计项目环境中，原有的"场地"结构平面在立面图中是没有显示的（即不会显示"场地"标高），这是因为场地平面仅仅用于建筑设计项目环境中的施工现场的地面布置设计。而结构设计中是不包含场地设计这个环节的。特殊情况下，若要显示"场地"标高，必须删除原有"场地"结构平面视图，重新建立新的"场地"标高，即可自动创建新的"场地"结构平面视图。</td></tr>
</table>

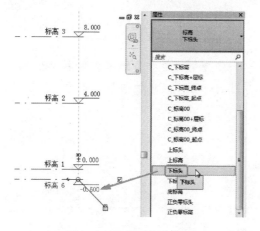

图 3-17　选择下标头类型

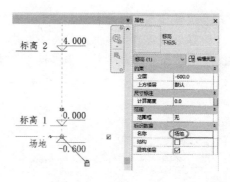

图 3-18　重命名"标高 6"

19 在项目浏览器中切换至其他立面视图，会看到已创建同样的标高。但是，在项目浏览器的【结构平面】视图节点下并没有显示利用【复制】或【阵列】工具所创建标高对应的结构平面，如"标高 4"和"标高 5"对应的"标高 4"结构平面及"标高 5"结构平面，如图 3-19 所示。

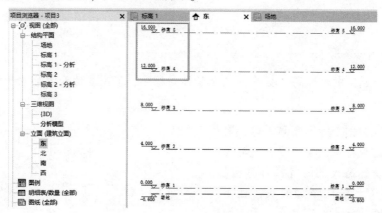

图 3-19　没有显示的结构平面视图

20 下面添加没有显示的结构平面视图。在功能区【视图】选项卡下【创建】面板中单击【平面视图】|【结构平面】按钮▦，弹出【新建结构平面】对话框，如图 3-20 所示。

21 在对话框的视图列表中列出了还未建立视图的多个标高。按住 Ctrl 键选中所有标高，然后单击【确定】按钮，完成结构平面视图的创建，如图 3-21 所示。

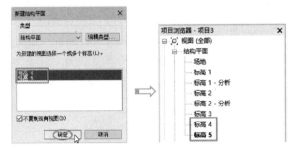

图 3-20 单击【结构平面】按钮 　　　　　　　　图 3-21 选中标高创建楼层平面

22 选择任意一根标高线，会显示临时尺寸、一些控制符号和复选框，如图 3-22 所示。可以编辑其尺寸值，单击并拖拽控制符号可进行整体或单独调整标高标头位置、控制标头隐藏或显示、偏移标头等操作。

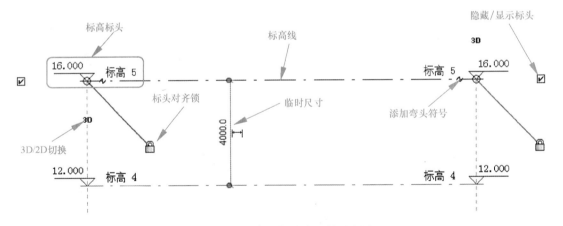

图 3-22 标高编辑状态下的示意图

技术要点　Revit 中的标高"标头"包含了标高符号、标高名称和添加弯头符号等。

---

23 当相邻的两个标高很靠近时，有时会出现标头文字重叠，此时可以单击标高线上的【添加弯头】符号（上图）添加弯头，让不同标高的标头文字完全显示，如图 3-23 所示。

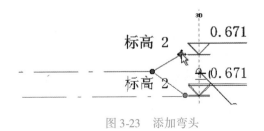

图 3-23 添加弯头

3.1.2　创建与编辑轴网

标高创建完成后，可以切换至任意结构平面视图来创建和编辑轴网。轴网用于在平面视图中定位项目图元。

使用【轴网】工具，可以在建筑设计中放置柱轴网线。轴线并非仅仅作为建筑墙体的中轴线，与标高一样，轴线还是一个有限平面，可以在立面图中编辑其范围大小，使其不与标高线相交。轴网包括轴线和轴线编号。

上机操作 创建并编辑轴网

01　新建建筑结构项目文件，然后在项目浏览器中切换视图为"标高 1"结构平面视图。

02　结构平面视图中的 为立面图标记。单击此标记，将显示立面视图平面，如图 3-24 所示。

图 3-24　显示立面视图

03　双击此标记，切换到对应的立面视图中，如图 3-25 所示。

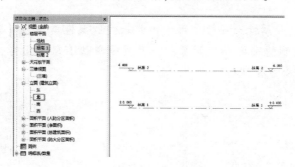

图 3-25　双击立面图标记切换至对应的立面视图

04　立面图标记是可以移动的，当平面图所占区域比较大且超出立面图标记时，可以拖动立面图标记，如图 3-26 所示。

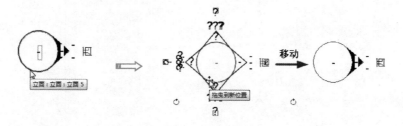

图 3-26　移动立面图标记

05　在【创建】选项卡下【基准】面板中单击 🔲 轴网 按钮，然后在立面图标记内以绘制
　　直线的方式放置第一条轴线与轴线编号，如图 3-27 所示。

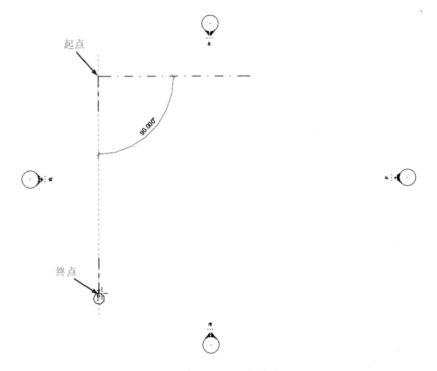

图 3-27　绘制第一条轴线

06　绘制轴线后，从属性选项板中可看出此轴线的属性类型为【轴网：6.5mm 编号间
　　隙】，说明绘制的轴线是有间隙的，而且是单边有轴线编号，不符合我国建筑标
　　准，如图 3-28 所示。

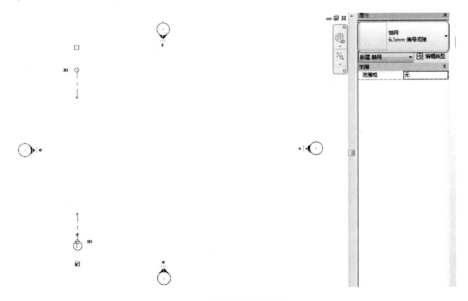

图 3-28　查看轴线属性类型

07 在属性选项板类型选择器中选择【双标头】类型，绘制的轴线随之更改为双标头的轴线，如图 3-29 所示。

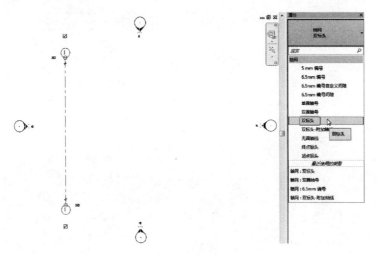

图 3-29 修改轴网属性

> **技术要点** 接下来继续绘制轴线，如果轴线与轴线之间的间距是不等的，可以利用【复制】工具进行复制；如果间距相等，则可以利用【阵列】工具阵列快速绘制轴线；如果楼层的布局是左右对称的，那么可以线绘制一半的轴线，再利用【镜像】工具镜像出另一半轴线。

08 利用【复制】工具，绘制出其他轴线，轴线编号会自动排列，如图 3-30 所示。

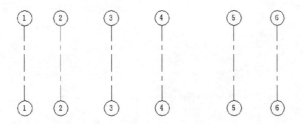

图 3-30 复制轴线

09 利用【阵列】工具阵列出来的轴线分两种情况：一种是按顺序编号，第二种是乱序。首先看第一种阵列方式，如图 3-31 所示。

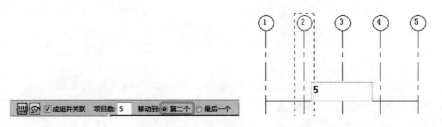

图 3-31 按顺序编号的轴线阵列

10　另一种阵列方式如图 3-32 所示。因此，我们在进行阵列操作的时候一定要注意选择合适的阵列方式。

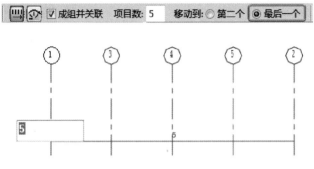

图 3-32　轴线编号错乱

11　如果利用【镜像】工具镜像轴线，将不会按顺序编号。例如，以编号 3 的轴线作镜像轴，镜像轴线 1 和轴线 2，镜像得到的结果如图 3-33 所示。

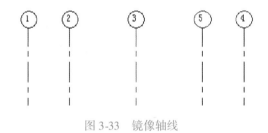

图 3-33　镜像轴线

12　绘制完横向的轴线后，再继续绘制纵向轴线，绘制的顺序是从下至上，如图 3-34 所示。

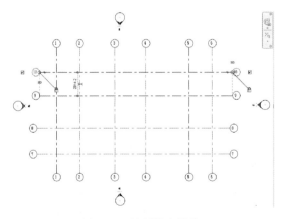

图 3-34　绘制纵向轴线

> **技术要点**　　横向轴线的编号是从左到右按顺序注写，纵向轴线则用大写的拉丁字母从下往上注写。"横向"指的是水平方向布置轴线，不是指水平线，"纵向"指的是竖直方向布置轴线，不是指竖直线，很多初学者容易误解这个问题。

13 纵向轴线绘制后的编号仍然是阿拉伯数字，因此需要选中圈内的数字进行修改，从下往上依次修改为 A、B、C、D……，如图 3-35 所示。

14 单击一条轴线，轴线进入编辑状态，如图 3-36 所示。

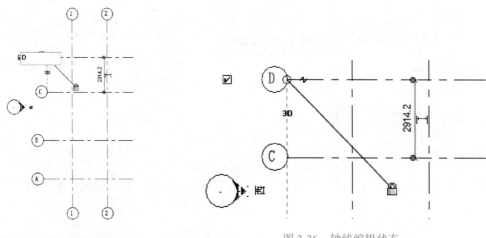

图 3-35　修改纵向轴线编号　　　　　　图 3-36　轴线编辑状态

15 轴线编辑其实与标高编辑相似，切换到【修改 | 轴网】上下文选项卡下，可以利用修改工具对轴线进行修改操作。

16 选中临时尺寸，可以编辑此轴线与相邻轴线之间的间距，如图 3-37 所示。

17 对齐轴网中轴线标头的位置时，会出现标头对齐虚线，如图 3-38 所示。

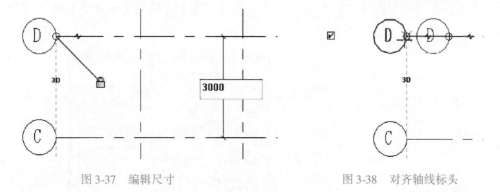

图 3-37　编辑尺寸　　　　　　　　　图 3-38　对齐轴线标头

18 选择任何一根轴网线，单击标头外侧方框 ☑，即可关闭/打开轴号显示。

19 如需控制所有轴号的显示，则选择所有轴线，自动切换至【修改 | 轴网】选项卡下，在属性选项板中单击 编辑类型 按钮，打开【类型属性】对话框。修改类型属性，单击端点默认编号的"√"标记，如图 3-39 所示。

20 在轴网的【类型属性】对话框中设置【轴线中段】的显示方式，其方式包括【连续】【无】【自定义】，如图 3-40 所示。

21 将轴线中段设置为【连续】方式，可设置其【线宽】【轴线末端颜色】以及【轴线末端填充图案】样式，如图 3-41 所示。

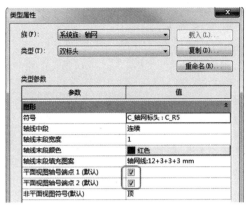

图 3-39　设置轴号显示　　　　图 3-40　轴线中段设置

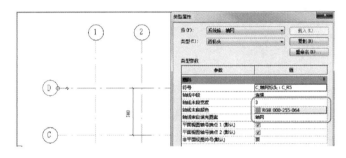

图 3-41　设置轴线末段宽度、颜色和填充图案

22　将轴线中段设置为【无】方式，可设置其【线宽】【轴线末端颜色】以及【轴线末端长度】样式，如图 3-42 所示。

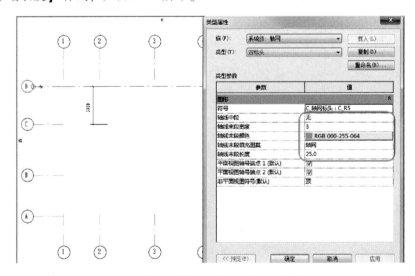

图 3-42　设置轴线中段为【无】的相关选项

23　当两轴线相距较近时，可以单击【添加弯头】标记符号，改变轴线编号位置，如图 3-43 所示。

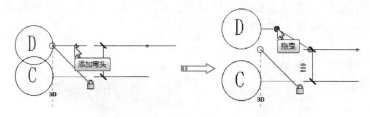

图 3-43　改变轴号位置

3.2　Revit 基本模型图元

基本模型图元是基于三维空间工作平面的单个或一组模型单元，包括模型线、模型文字和模型组。

3.2.1　模型线

模型线可以用来表达 Revit 建筑模型或建筑结构中的绳索、固定线等物体。模型线可以是某个工作平面上的线，也可以是空间曲线。若是空间模型线，则在各个视图中都将可见。

模型线是基于草图的图元，通常利用模型线草图工具来绘制诸如楼板、顶棚和拉伸的轮廓曲线。

在【模型】面板中单击【模型线】按钮 ，功能区中将显示【修改/放置线】上下文选项卡，如图 3-44 所示。

图 3-44　【修改/放置线】上下文选项卡

【修改/放置线】上下文选项卡下【绘制】面板及【线样式】面板中包含了所有用于绘制模型线的绘图工具与线样式设置，如图 3-45 所示。

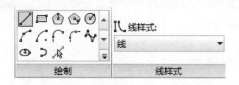

图 3-45　线绘制与样式设置工具

1. 直线

单击【直线】按钮 ，选项栏显示绘图选项，且光标由 变为 ，如图 3-46 所示。

| 修改｜放置 线 | 放置平面: 标高 : 标高 1 ▾ | ☑ 链　偏移量: 0.0 | ☐ 半径: 3000.0 |

图 3-46　直线绘图选项

- 放置平面：该列表显示当前的工作平面，还可以从列表中选择标高或者拾取新平面作为工作平面，如图 3-47 所示。

图 3-47　放置平面

- 链：勾选此复选框，将连续绘制直线，如图 3-48 所示。

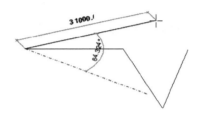

图 3-48　绘制链

- 偏移量：设定直线与绘制轨迹之间的偏移距离，如图 3-49 所示。

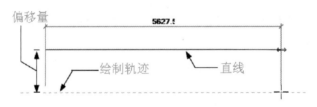

图 3-49　偏移量

- 半径：勾选此复选框，将会在直线与直线之间自动绘制圆角曲线（圆角半径为设定值），如图 3-50 所示。

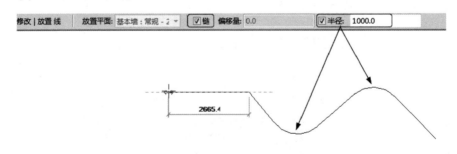

图 3-50　半径

| 技术要点 | 要使用【半径】选项，必须勾选【链】复选框。否则绘制单条直线是无法创建圆角曲线的。 |

2. 矩形

【矩形】命令用于绘制由起点和对角点构成的矩形。单击【矩形】按钮，选项栏显示矩形绘制选项，如图 3-51 所示。

图 3-51　矩形绘制选项

由于选项栏中的选项与【直线】命令选项栏中的选项相同，因此不再重复介绍。

3. 多边形

Revit 中绘制多边形有两种方式：内接多边形（内接于圆）和外接多边形（外切于圆），如图 3-52 所示。

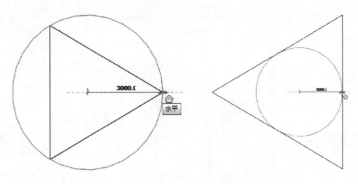

图 3-52　内接多边形和外接多边形

单击【内接多边形】按钮，选项栏显示多边形绘制选项，如图 3-53 所示。

图 3-53　内接多边形的选项栏

- 边：输入正多边形的边数，边数至少为 3。
- 半径：取消勾选此复选框时，可绘制任意半径（内接于圆的半径）的正多边形。若勾选此复选框，可精确绘制设定半径的内接多边形。

在绘制正多边形时，选项栏中的【半径】是控制多边形内接于圆或外切于圆的大小参数，如要控制旋转角度，则通过【管理】选项卡下【设置】面板中的【捕捉】选项，设置【角度尺寸标注捕捉增量】的角度，如图 3-54 所示。

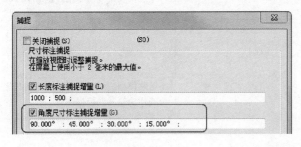

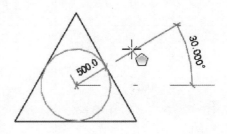

图 3-54　绘制多边形时角度的捕捉

4. 圆形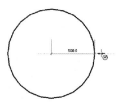

单击【圆形】按钮，可以绘制由圆心和半径控制的圆，如图 3-55 所示。

5. 其他图形

【绘制】面板中的其他图形工具包括圆弧、样条曲线、椭圆、椭圆弧、拾取线等，如表 3-1 所示。

图 3-55　绘制圆

表 3-1　图形绘制工具

绘图工具		图　形	说　明
圆弧	起点-终点-半径弧		指定圆弧的起点、端点和终点或半径画弧
	圆心-端点弧		指定圆弧的圆心、圆弧的起点（确定半径）和端点（确定圆弧角度）
	相切-端点弧		绘制两平行直线的相切弧，或者绘制与相交直线之间的连接弧
	圆角弧		绘制两相交直线间的圆角
样条曲线			绘制控制点的样条曲线
椭圆			绘制由轴心点、长半轴和短半轴控制的椭圆
椭圆弧			绘制由长轴和短半轴控制的半椭圆
拾取线			拾取模型边进行投影，得到的投影曲线作为绘制的模型线

6. 线样式

可以为绘制的模型线设置不同的线型样式，【修改 | 放置线】上下文选项卡下【线样式】面板中提供了多种可供选择的线样式，如图 3-56 所示。

要设置线样式，先选中要变换线型的模型线，然后选择线样式列表中的线型，如图 3-57 所示。

图 3-56　线样式

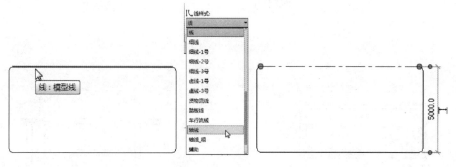

图 3-57　设置线样式

3.2.2　模型文字

模型文字是基于工作平面的三维图元，可用于建筑或墙上的标志或字母，如图 3-58 所示。对于能以三维方式显示的族（如墙、门、窗和家具族），可以在项目视图和族编辑器中添加模型文字。模型文字不可用于只能以二维方式表示的族，如注释、详图构件和轮廓族。

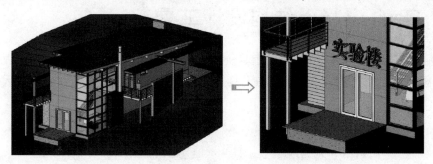

图 3-58　创建模型文字

3.2.3　创建模型组

组的应用是对现有项目文件中可重复利用图元的一种管理和应用方法，我们可以通过组这种方式像族一样管理和应用设计资源。组的应用可以包含模型对象、详图对象以及模型和详图的混合对象。Revit 可以创建以下类型的组。

- 模型组：此组合全由模型图元组成，如图 3-59 所示。
- 详图组：详图组由尺寸标注、门窗标记、文字等注释类图元组成，如图 3-60 所示。
- 附着的详图组：可以包含与特定模型组关联的视图专有图元，如图 3-61 所示。

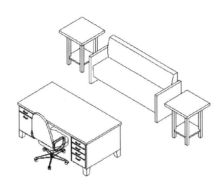

图 3-59 模型组

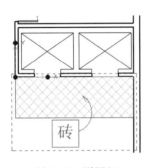

图 3-60 详图组

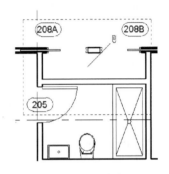

图 3-61 附着的详图组

3.3 Revit 混凝土结构设计工具

用于混凝土建筑结构设计的 Revit 工具位于【结构】选项卡下，【基础】面板中的工具用于结构基础设计，【结构】面板中的工具用于地上层的结构梁、墙、柱及楼板设计，如图 3-62 所示。

图 3-62 【结构】选项卡下的混凝土结构设计工具

3.3.1 基础设计工具

【基础】面板中的结构基础设计工具包括【独立】工具、【墙】工具和【板】工具。

1.【独立】工具

【独立】工具用于将 Revit 族库中的独立基础构件载入并放置到当前项目。单击【独立】按钮，功能区中会显示【修改 | 放置 独立基础】上下文选项卡，同时在【属性】选项板

的类型选择器中显示可调用的独立基础族类型，如图 3-63 所示。

在【修改 | 放置 独立基础】上下文选项卡下，可通过单击【载入族】按钮从 Revit 族库中载入独立基础族到当前项目中，或者单击【内建模型】按钮在打开的族编辑器环境中创建自定义的独立基础族。

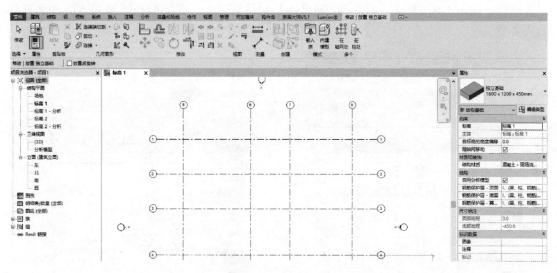

图 3-63　【修改 | 放置 独立基础】上下文选项卡和【属性】选项板

Revit 另外提供了两种放置独立基础族的方式：【在轴网处】和【在柱处】。

- 【在轴网处】：这种放置方式在轴网中的轴线交点位置处放置独立基础族，如图 3-64 所示。
- 【在柱处】：这种放置方式在已创建结构柱的情况下，将独立基础族放置于结构柱的底部，如图 3-65 所示。

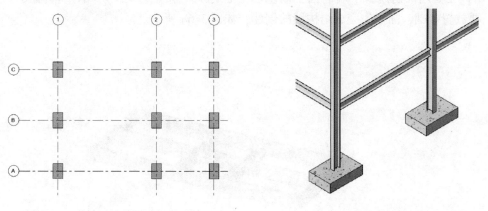

图 3-64　在轴网处放置独立基础族　　　　图 3-65　在柱处放置独立基础族

在【属性】选项板的类型选择器列表中可以选择默认提供的独立基础类型，当单击【载入族】按钮并在 Revit 族库中载入相关的独立基础族后，载入的独立基础族会在类型选择器列表中列出。

还可以在【属性】选项板中单击【编辑类型】按钮，在弹出的【类型属性】对话框中修改所选独立基础族的相关类型参数，如图 3-66 所示。

如果在项目中需要放置结构类型相同但结构尺寸不同的独立基础族，则可以在【类型属性】对话框中单击【复制】按钮和【重命名】按钮来新建结构类型相同但尺寸不同的独立基础族，如图 3-67 所示。关闭【类型属性】对话框后，可在类型选择器列表中找到新建的族类型。

图 3-66　修改独立基础族的类型参数

图 3-67　复制新的族类型

2.【墙】工具

【墙】工具用来创建基于墙的挡土墙基础（也称为"条形基础"）、承重基础及连续基脚等。要放置基础，需要先完成结构墙的创建，如图 3-68 所示。

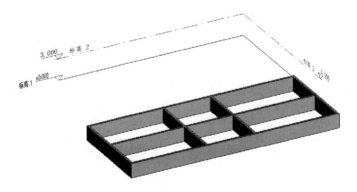

图 3-68　先建立结构墙

单击【墙】按钮，在类型选择器的列表中选择满足设计要求的挡土墙基础或者新建族类型，然后选取要放置基础的墙体，随后自动完成挡土墙基础的创建，如图 3-69 所示。

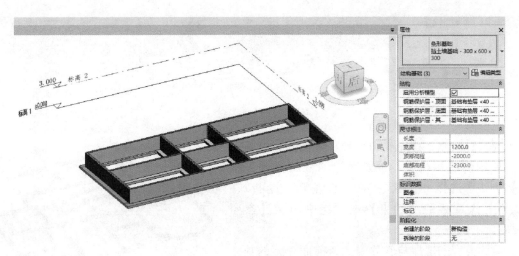

图 3-69　放置挡土墙基础

3.【板】工具

【板】工具有两种：【结构基础：楼板】和【楼板：楼板边】。

- 【结构基础：楼板】：此工具用来创建地下层中的基础底板，主要用于筏基础底板的创建，如图 3-70 所示。

- 【楼板：楼板边】：此工具用来在基础底板上添加楼板边缘，如图 3-71 所示。当然此工具可以用于其他结构件的创建，比如散水、房檐、女儿墙等。

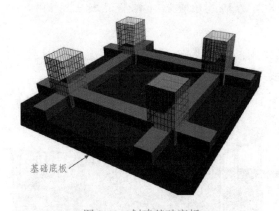

基础底板

图 3-70　创建基础底板

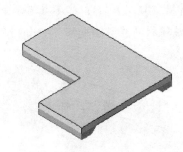

图 3-71　创建基础底板的楼板边缘

3.3.2　结构设计工具

用于混凝土结构设计的工具主要是【梁】工具、【墙】工具、【柱】工具和【楼板】工具。其他如【桁架】、【支撑】及【梁系统】工具用于钢结构设计，这里不作介绍。

1.【梁】工具

【梁】工具既可以创建混凝土结构梁，也可以创建钢梁。梁族为 Revit 族库中的族。梁族的放置主要是通过在结构平面视图中绘制曲线来完成的。单击【梁】按钮，功能区中显示【修改 | 放置 梁】上下文选项卡，如图 3-72 所示。

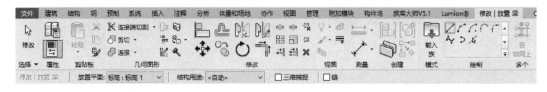

图 3-72 【修改 | 放置 梁】上下文选项卡

要放置梁族，首先要确定楼层标高，也就是在某一层中创建结构梁。可以在选项栏的【放置平面】列表中选择一个楼层平面来放置梁，也可以在【属性】选项板的【约束】选项组中定义【参照标高】。

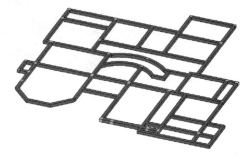

图 3-73 直线结构梁和曲线结构梁

梁族类型的选择与族的添加跟前面介绍的独立基础族的选择和添加过程是相同的。梁族的放置（或者说梁曲线的绘制）可通过【绘制】命令面板中的曲线工具来完成，可以绘制直线创建直梁，也可以绘制圆弧、椭圆或样条曲线来创建曲线梁，还可以选取现有墙体的边、模型线等来添加梁。图 3-73 为某建筑一层的直线结构梁和曲线结构梁的布置情况。

2. 【墙】工具

【墙】工具包括【墙：结构】【墙：建筑】【墙：饰条】和【墙：分隔条】四种工具。

- 【墙：结构】：此工具用来创建结构剪力墙或承重墙（钢筋混凝土结构），如图 3-74 所示。
- 【墙：建筑】：此工具用来创建建筑墙体，如砌块墙、隔断、叠层墙及木材材质、玻璃材质等类型的墙体，如图 3-75 所示。

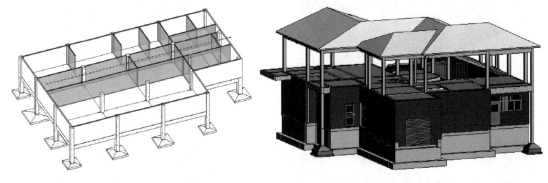

图 3-74 结构墙体   图 3-75 建筑墙体

- 【墙：饰条】：此工具用来创建建筑外墙体中的门窗装饰条、墙装饰条（向外凸起），也可用来创建散水、房檐及台阶等，如图 3-76 所示。
- 【墙：分隔条】：此工具用来创建建筑外墙中的分隔条（向内凹陷），如图 3-77 所示。

图 3-76　门窗装饰条　　　　　　　　　　　图 3-77　墙分割条

3.【柱】工具

【柱】工具可以将 Revit 族库中的结构柱构件放置在建筑中，结构柱是承重柱，可以垂直放置也可倾斜放置。单击【柱】按钮 ⬚，功能区中显示【修改 | 放置 结构柱】上下文选项卡，如图 3-78 所示。

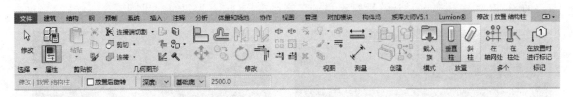

图 3-78　【修改 | 放置 结构柱】上下文选项卡

结构柱有垂直柱和斜柱两种形式。放置垂直柱时可在轴网处放置或者在柱处放置。放置斜柱可在任意位置放置。图 3-79 为在轴网处放置结构柱的情形。

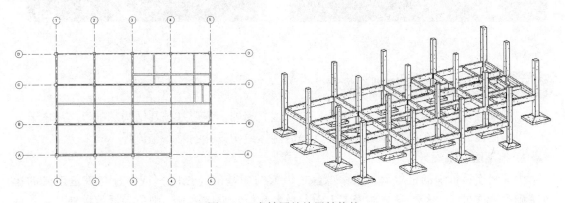

图 3-79　在轴网处放置结构柱

4.【楼板】工具

【楼板】工具可以创建结构楼板、建筑楼板和楼板边，与使用【基础】面板中的【板】工具创建板的过程是相同的，但它们的用途性质却不同。【结构】面板中的【楼板】工具主要用来创建地上层的结构楼板、建筑楼板及楼板边，而【基础】面板中的【板】工具主要用于地下层基础底板的创建。

3.4 结构设计案例——某别墅项目结构设计

本例建筑项目为中润东宸壹号院别墅一期项目。项目规划地块位于山东东营市莒州路以东、大渡河路以南，项目分两期开发，一期占地约 40000m²，建筑面积 50000m²，容积率 1.3，绿化率高达 36%，建筑密度仅为 22%，是由 10 栋联排别墅和 5 栋 13 层的高层构成，其中联排别墅共计 66 套，面积区间是 190~220m²。

联排别墅南北双院落，楼间距高达 23m，彰显个性的宽阔舒适空间，体验自由全新生活。建筑采用简约的法式风格，建筑顶部通过窗户整合、线脚等处理使得整体更显挺拔，整个小区建筑风格趋向大方、稳重，又独具个性。小区采用五重园林景观，乔木绿化相结合，设计尤其注重植栽的季相搭配，处处有景且季季不同。变化多样的植物为园区增添了生机和活力。

本项目的使用功能为住宅楼，上部结构为现浇异形柱框架轻质墙结构（简称异形柱框架结构），地面以上 3 层，地面以下 1 层。标高以米为单位，其余尺寸均以毫米为单位。

图 3-80 为中润东宸壹号院别墅项目的鸟瞰图。图 3-81 为建筑效果图。

图 3-80　项目鸟瞰图

图 3-81　别墅效果图

3.4.1 地下层结构基础设计

结构基础设计也称地下层结构设计，包含独立基础、条形基础及结构基础板。从本节开始，以结构设计实战案例为导线，详解钢筋混凝体结构设计的每一个流程。

1. 地下层桩基设计

由桩和连接桩顶的桩承台（简称承台）组成的深基础（见图）或由柱与桩基连接的单桩基础，简称桩基。若桩身全部埋于土中，承台底面与土体接触，则称为低承台桩基；若桩身上部露出地面而承台底位于地面以上，则称为高承台桩基。建筑桩基通常为低承台桩基础。高层建筑中，桩基础应用广泛。

🖱️**上机操作** **创建基础柱**

01 启动 Revit 2021，在主页界面【项目】组中单击【新建】按钮，选择【Revit 2021 中国样板】样板文件后单击【确定】按钮进入 Revit 结构设计项目环境中。

02 首先要建立的是整个建筑的结构标高。在项目浏览器的【立面】视图节点下任意选择一个立面，进入到该立面视图中。然后利用【结构】选项卡下【基准】面板中的【标高】工具创建出本例别墅项目的结构标高，如图 3-82 所示。

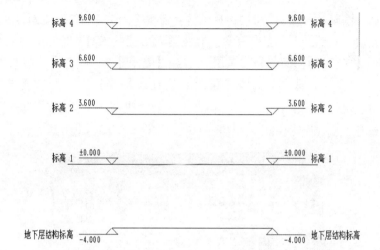

图 3-82　创建建筑结构标高

> **技术要点**　结构标高中除了没有"场地标高"外，其余标高与建筑标高是相同的，也是共用的。

03 在项目浏览器【结构平面】下选择【地下层结构标高】作为当前轴网的绘制平面。所绘制的轴网用于确定地下层基础顶部的结构柱、结构梁的放置位置。

04 在功能区【结构】选项卡下【基准】组中，单击【轴网】按钮，然后绘制出如图 3-83 所示的轴网。

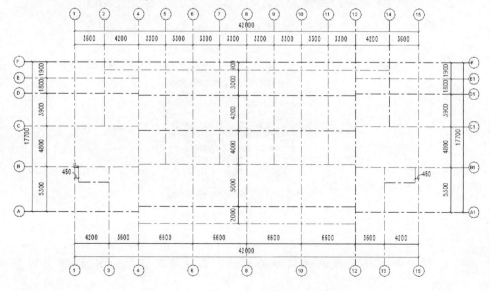

图 3-83　在【标高 1】结构平面绘制轴网

左右水平轴线编号本应是相同的，但在绘制轴线时是分开建立的，由于轴线编号不能重复，所以右侧的轴线编号暂用 A1、B1 等替代 A、B 等编号。

05 地下层的框架结构柱类型共 10 种，其截面编号分别为 KZa、KZ1～KZ8，截面形状包括 L 型、T 型、十字型和矩形。首先插入 L 型的 KZ1a 框架柱族。

06 切换到【标高 1】结构平面视图上。在【结构】选项卡下【结构】面板中单击【柱】按钮 ，然后在弹出的【修改 | 放置结构柱】上下文选项卡下单击【载入族】按钮 ，从 Revit 的族库文件夹中找到"混凝土柱 – L 型"族文件，打开族文件，如图 3-84 所示。

图 3-84 打开混凝土柱的族文件

07 依次插入 L 型的 KZ1 结构柱族到轴网中，插入时在选项栏中选择【深度】和【地下层结构标高】选项，如图 3-85 所示。插入后单击属性面板中的【编辑类型】按钮，修改结构柱尺寸。

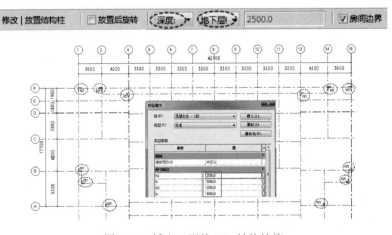

图 3-85 插入 L 型的 KZ1 结构柱族

在放置不同角度的相同结构柱时，需要按下键盘的 Enter 键来调整族的方向。

08　插入 **KZ2** 结构柱族，KZ2 与 KZ1 同是 L 型，但尺寸不同，如图 3-86 所示。

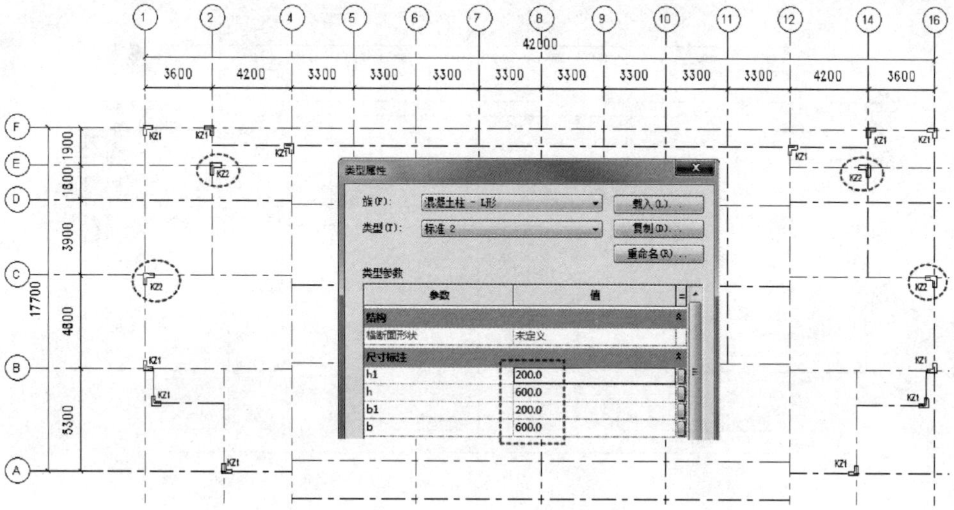

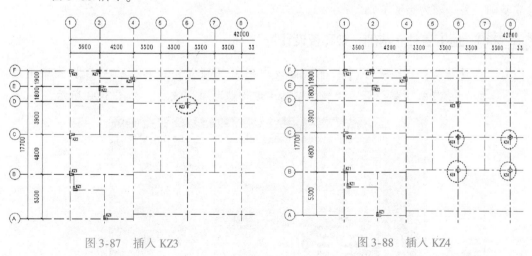

图 3-86　插入 KZ2 结构柱

09　由于是联排别墅，以 8 轴线为中心线，呈左右对称。所以插入后面结构柱时，可以先插入一半，然后镜像获得另一半。同理，加载 KZ3 结构柱族，KZ3 的形状是 T 型，尺寸跟 Revit 族库中的 T 型结构柱族是相同的，如图 3-87 所示。

10　KZ4 的结构柱形状是十字型，其尺寸与族库中的十字结构柱族是相同的，如图 3-88 所示。

图 3-87　插入 KZ3　　　　　　　　　图 3-88　插入 KZ4

11　插入的结构柱 KZ5～KZ8 以及 KZa 均为矩形结构柱。由于插入的结构柱数量较多，而且还要移动位置，所以此处不再一一演示，读者可以参考操作视频或者结构施工图来操作，布置完成的基础结构柱如图 3-89 所示。

> **提示**　　KZ5 尺寸：300mm×400mm；KZ6 尺寸：300mm×500mm；KZ7 尺寸：300mm×700mm；KZ8 尺寸：400mm×800mm；KZa 尺寸：400mm×600mm。

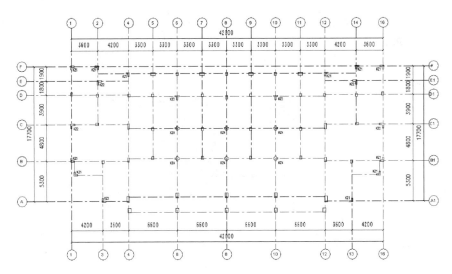

图 3-89　布置完成的基础结构柱

2. 地下层独立基础、梁和板设计

本例别墅项目的基础分为独立基础和条形基础，独立基础主要承重建筑框架部分，条形基础则分为承重基础和挡土墙基础。

独立基础分阶梯形、坡形和杯形三种，本例的独立基础为坡形。本例中独立基础的结构柱较多，且尺寸不一致，为了节约时间，总体上放置两种规格尺寸的独立基础，一种是坡形独立基础，另一种为条形基础。

上机操作 **地下层独立基础、梁和板设计**

01　在【结构】选项卡下【基础】面板中单击【独立】按钮，然后从族库中载入"结构/基础"路径下的"独立基础 – 坡形截面"族文件，如图 3-90 所示。

图 3-90　载入独立基础族

02　编辑独立基础的类型参数，并布置在如图 3-91 所示的结构柱位置上，其中点与结构柱中点重合。

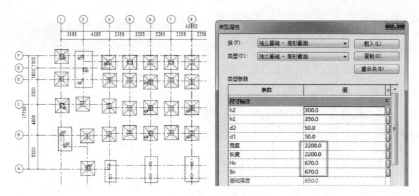

图 3-91　布置独立基础

03 没有放置独立基础的结构柱（上图中虚线矩形框内），是由于距离太近，避免相互干扰，暂不能放置。可改为放置条形基础，由于 Revit 族库中没有合适的条形基础族，因此使用鸿业云族 360、族库大师或构件坞等族库插件下载合适的条形基础族，此处通过构件坞下载"条形基础 – 锥形"族，如图 3-92 所示。

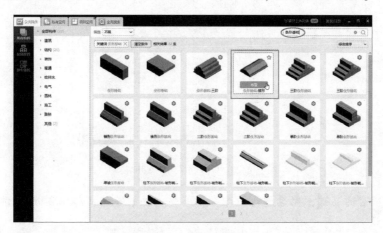

图 3-92　下载条形基础族

04 编辑条形基础属性尺寸，并放置在距离较近的结构柱位置上，如图 3-93 所示。加载的条形基础会自动保存在项目浏览器【族】|【结构基础】节点下。放置时要按下Enter 键调整放置方向。

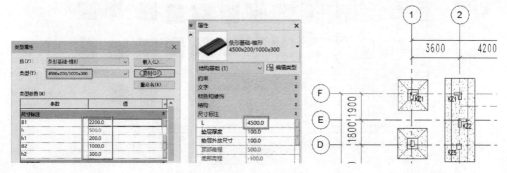

图 3-93　放置加载的条形基础

<table>
<tr>
<td>技术
要点</td>
<td>　　放置后有时会弹出警告，如图 3-94 所示，表示当前视图平面不可见。有可能创建在了其他结构平面上，我们可以显示不同结构平面，找到放置的条形基础，然后更改其标高为"地下层结构标高"。</td>
<td>
图 3-94　警告</td>
</tr>
</table>

05 同理，从项目浏览器中直接拖动"条形基础 – 锥形"族到视图中进行放置，完成其余相邻且距离较近的结构柱上的条形基础，结果如图 3-95 所示。

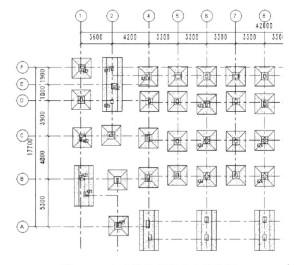

图 3-95　完成其他条形基础的放置

06 选择所有的基础，然后进行镜像，得到另一半的基础，如图 3-96 所示。

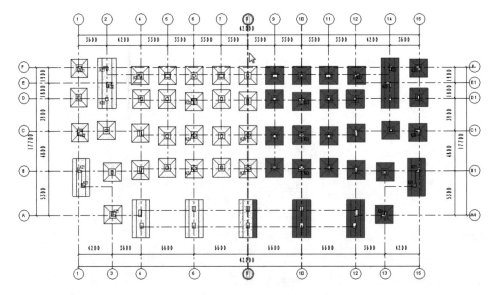

图 3-96　镜像基础

07 基础创建完成后，还要建立结构梁将基础连接在一起，结构梁的参数为 $200 \times 600\text{mm}$。在【结构】选项卡下单击【梁】按钮 $\overleftarrow{\mathcal{F}}$，先选择系统中的 $300 \times 600\text{mm}$ 的"混凝土 – 矩形梁"，在地下层结构标高平面中创建结构梁，如图 3-97 所示。创建后修改参数。

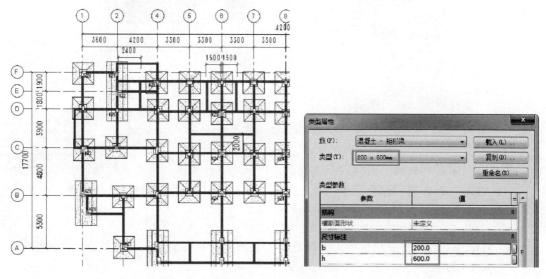

图 3-97　创建结构梁

> **技术要点**　　创建梁时最好是在柱与柱之间创建一段梁，不要从左到右贯穿所有结构柱，那样会影响后期结构分析时的结果。

08 选择创建的结构梁，然后修改起点和终点的标高偏移量均为 600mm，如图 3-98 所示。

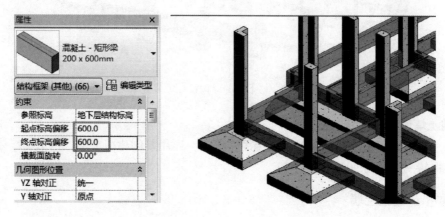

图 3-98　修改结构梁的标高偏移量

09 地下层部分区域用来做车库、储物间及其他辅助房间等，需要创建结构基础底板。在【结构】选项卡下【基础】面板中单击【板】|【结构基础：楼板】按钮 ⬛ 结构基础:楼板，然后创建结构基础底板，如图 3-99 所示。

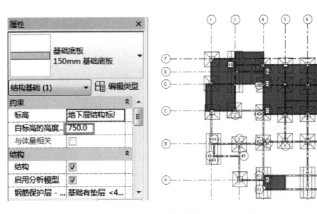

图 3-99　创建结构基础底板

> **技术要点**　　有结构楼板的房间的承重较大，比如地下停车库；没有结构楼板的房间均为填土、杂物间、储物间等，承载不是很大，所以无须全部创建结构楼板，这是基于成本控制角度考量的。

10　对结构梁和结构基础底板进行镜像，完成地下层的结构梁、结构基础设计，结果如图 3-100 所示。

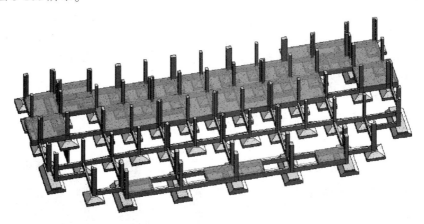

图 3-100　地下层的结构设计完成效果

3. 挡土墙设计

在地下层中创建了基础底板的区域将用作房间，还需要创建挡土墙。挡土墙墙体的厚度与结构梁保持一致，为 200mm。

上机操作　创建挡土墙

01　单击【墙：结构】按钮，创建如图 3-101 所示的挡土墙墙体。

> **注意**　　墙体不要穿过结构柱，要一段一段地创建。

02　对建立的结构墙体进行镜像，如图 3-102 所示。完成地下层的结构设计。

| 高度: ▼ | 标高 1 ▼ | 3250.0 | 定位线: 墙中心线 ▼ | ☐链 偏移: 0.0 | ☐半径: 1000.0 | 连接状态: 不允许 ▼ |

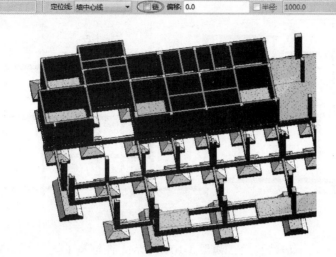

图 3-101　创建挡土墙墙体

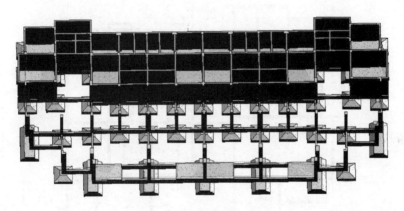

图 3-102　地下层的结构设计效果图

3.4.2　结构楼板、结构柱与结构梁设计

第一层的结构设计为标高 1（±0,000）的结构设计。第一层的结构中其实有 2 层，有剪力墙的区域标高要高于没有剪力墙的区域，高度相差 300mm。

第二层和第三层中的结构主体比较简单，只是在阳台处需要设计建筑反口。

一层至二层之间的结构柱已经浇注完成，下面在柱顶放置二层的结构梁。同样，也是先建立一般的结构，然后镜像获得另一半。第二层的结构梁比第一层的结构梁仅仅多了地基以外的阳台结构梁。

上机操作　创建一层楼板、结构柱与结构梁

01　创建整体的结构梁，在地下层结构中已经完成了部分剪力墙的创建，有剪力墙的结构梁尺寸为 200mm×450mm 且在标高 1 之上，没有剪力墙的结构梁尺寸统一为 200mm×450mm 且在标高 1 之下。

02 创建标高 1 之上的结构梁（仅创建 8 轴线一侧），如图 3-103 所示。

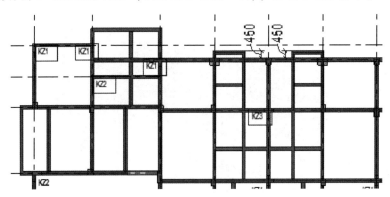

图 3-103 创建标高 1 之上的结构梁

03 创建标高 1 之下的结构梁，如图 3-104 所示。将标高 1 上、下所有结构梁镜像至 8 轴线的另一侧。

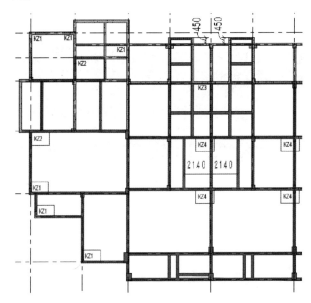

图 3-104 创建标高 1 之下的结构梁

04 创建标高较低的区域结构楼板（楼板顶部标高为 ±0.000mm，无梁楼板厚度一般为 150mm）。

05 切换结构平面视图为"标高 1"，在【结构】选项卡下【结构】面板中单击【楼板：结构】按钮 ，然后选择【楼板：现场浇注混凝土 225mm】类型并创建结构楼板，如图 3-105 所示。

06 在【属性】面板中单击【编辑类型】按钮 编辑类型，然后修改其结构参数，如图 3-106 所示。最后设置标高为"标高 1"。

07 同理，再创建两处结构楼板。标高比上步骤创建的楼板标高低 50mm，如图 3-107 所示。这两处为阳台位置，所以要比室内低至少 50mm，否则会返水到室内。

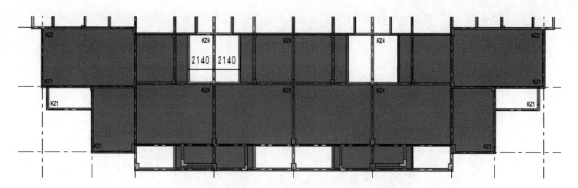

图 3-105　创建标高 ±0.000mm 的现浇楼板

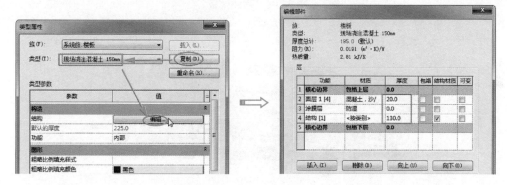

图 3-106　修改结构楼板的结构参数

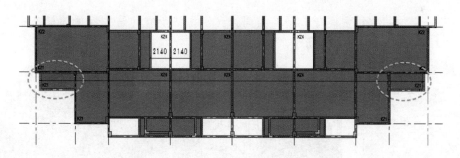

图 3-107　创建低于 "标高 1" 50mm 的结构楼板

08　创建顶部标高为 450mm 的结构楼板，如图 3-108 所示。

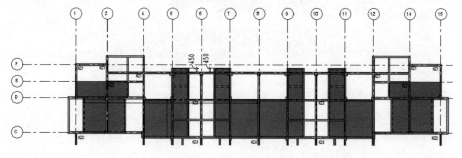

图 3-108　创建标高为 450mm 的结构楼板

09 创建标高为 400mm 的结构楼板，如图 **3-109** 所示。这些楼板的房间要么是阳台，要么是卫生间或厨房。创建完成的一层结构楼板如图 **3-110** 所示。

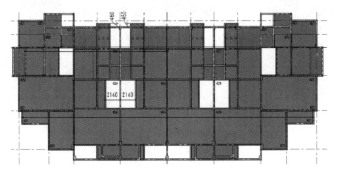

图 3-109　创建楼板

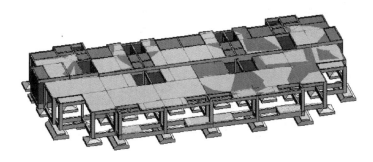

图 3-110　创建完成的一层结构楼板

10 第一层的结构柱主体与地下层相同，我们先把所有的结构柱顶部标高直接修改为"标高 2"，如图 **3-111** 所示。

 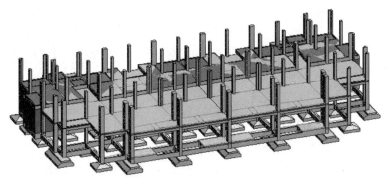

图 3-111　更改结构柱的顶部标高

11 将第一层中没有的结构柱或规格不同的结构柱全部选中，重新修改其顶部标高为"标高 1"，如图 **3-112** 所示。

12 依次插入 KZ3（T 型）、KZ5、LZ1（L 型：500mm×500mm）3 种结构柱，底部标高为"标高 1"，顶部标高为"标高 2"，如图 **3-113** 所示。

13 至此，第一层结构设计完成。

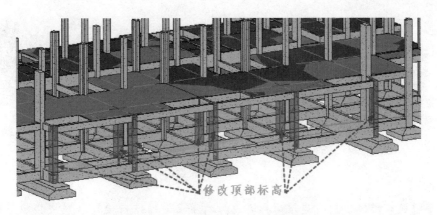

图 3-112　修改不同的结构柱标高

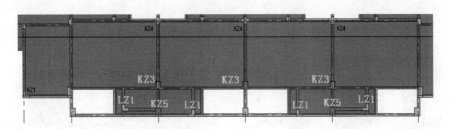

图 3-113　插入新的结构柱

(上机操作) **创建二层结构梁、结构柱及结构楼板**

01　切换到【标高 2】结构平面视图，利用【结构】选项卡下【结构】面板中【梁】
　　工具建立与一层主体结构梁相同的部分，如图 3-114 所示。

02　建立与第一层不同的结构梁，如图 3-115 所示。

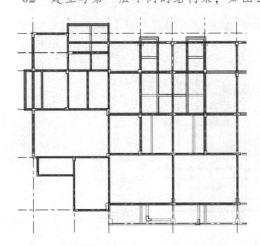

图 3-114　建立与第一层相同的结构梁

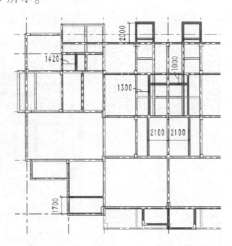

图 3-115　建立与第一层不同的结构梁

03　与第一层的结构不完全相同，有一根结构柱并没有结构梁放置，所以要把这根结构
　　柱的顶部标高重新设置为"标高 1"，如图 3-116 所示。

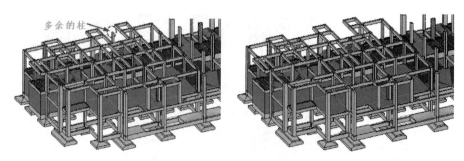

图 3-116　处理一根结构柱

04　铺设结构楼板。先创建顶部标高为"标高 2"的结构楼板（现浇楼板厚度修改为 100mm），如图 3-117 所示。再创建低于"标高 2"50mm 的结构楼板，如图 3-118 所示。

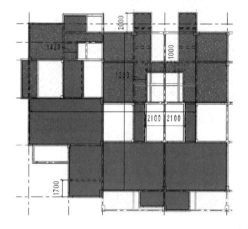

图 3-117　建立标高 2 的结构楼板

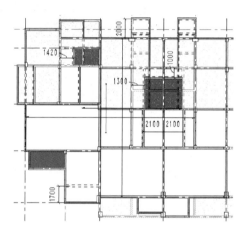

图 3-118　创建低于"标高 2"50mm 的结构楼板

05　下面设计各大门上方的反口（或是雨篷）的底板，同样是结构楼板构造，建立的反口底板如图 3-119 所示。

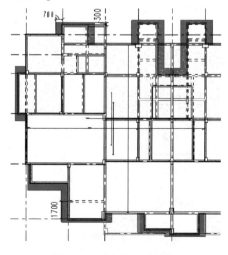

图 3-119　建立反口楼板

06 对创建完成的结构楼板、结构梁进行镜像，完成第二层的结构设计，如图 3-120 所示。

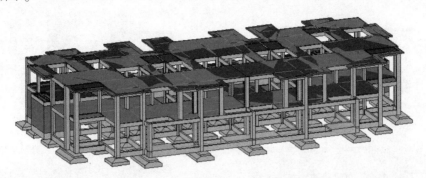

图 3-120　第二层的结构设计效果图

上机操作 **创建三层结构柱、结构梁和结构楼板**

01 设计第三层的结构柱、结构梁、结构楼板。先将第二层的部分结构柱的顶部标高修改为"标高 3"，如图 3-121 所示。

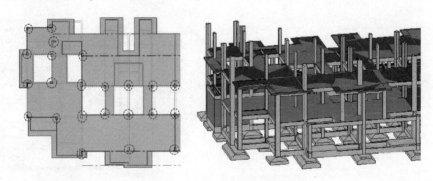

图 3-121　修改部分结构柱的顶部标高

02 添加新的结构柱 LZ1 和 KZ3，如图 3-122 所示。

03 在"标高 3"结构平面上创建与一层、二层相同的结构梁，如图 3-123 所示。

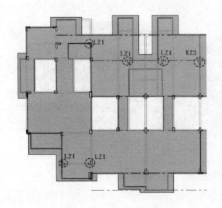

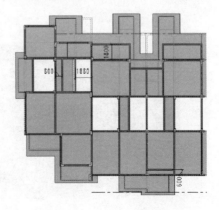

图 3-122　添加新的结构柱　　　　　图 3-123　建立三层结构梁

04 创建顶部为"标高3"的结构楼板，如图 3-124 所示。

05 创建低于"标高3"50mm 的卫生间结构楼板，如图 3-125 所示。

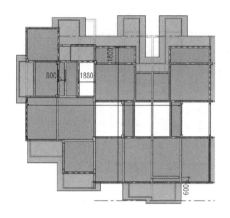

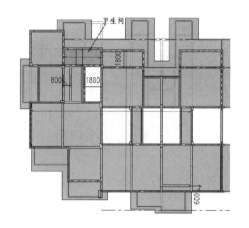

图 3-124　创建结构楼板　　　　图 3-125　创建低于"标高3"50mm 的结构楼板

06 继续创建三层的反口底板，尺寸与第二层相同，如图 3-126 所示。

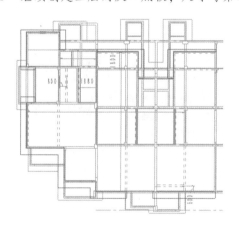

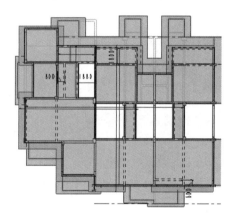

图 3-126　创建反口底板

07 对结构梁、结构柱和结构楼板进行镜像，完成第三层结构设计，如图 3-127 所示。

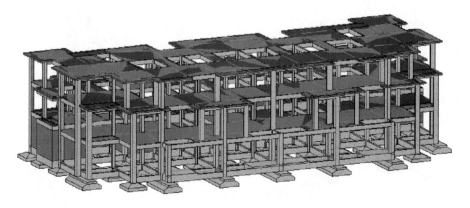

图 3-127　第三层的结构

3.4.3 楼梯设计

第一、第二和第三层的结构整体设计完成了，连接每层之间的楼梯也是需要现浇混凝土浇筑的，每层的楼梯形状和参数是相同的。别墅每一层都有两部楼梯，分别为 1#楼梯和 2#楼梯。

上机操作 楼梯设计

01 创建地下层到一层的 1#结构楼梯。切换到东立面图，测量地下层结构楼板顶部标高到"标高 1"的距离为 3250mm，这是楼梯的总标高，如图 3-128 所示。

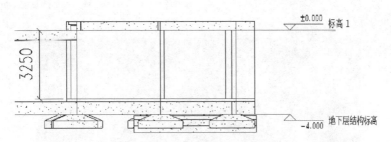

图 3-128　测量楼梯的总标高

02 切换到"标高 1"结构平面视图，可以看见 1#楼梯洞口下的地下层位置没有楼板，待楼梯设计完成后根据实际的剩余面积来创建地下层楼梯间的部分结构楼板，如图 3-129 所示。

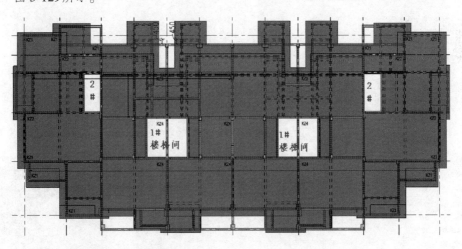

图 3-129　地下层的 1#楼梯间

03 1#楼梯总共设计为 3 跑，为直楼梯。地下层 1#楼梯设计图如图 3-130 所示。根据实际情况，楼梯的步数会发生细微变化。

04 根据设计图中的参数，在【建筑】选项卡下【楼梯坡道】面板中单击【楼梯（按构建）】按钮 ⚙，在属性面板中选择【现场浇注楼梯：整体式浇注楼梯】类型，然后绘制楼梯，如图 3-131 所示。三维效果图如图 3-132 所示。

图 3-130　地下层 1#楼梯设计图

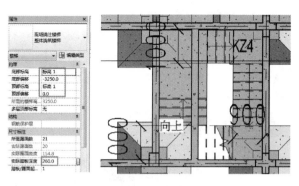

图 3-131　绘制构件楼梯

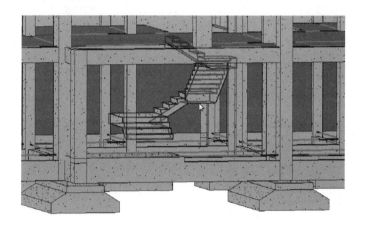

图 3-132　三维楼梯效果

> **技术要点**　绘制时，第一跑楼梯与第二跑楼梯不要相交。

05　设计第一层到第二层之间的 1#结构楼梯。楼梯标高是 3600mm，如图 3-133 所示。

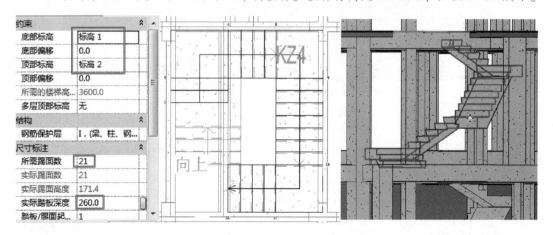

图 3-133　创建第一层到第二层的 1#楼梯

06 设计第二层到第三层的1#楼梯，楼层标高为3000mm。在"标高2"结构平面视图中创建，如图3-134所示。

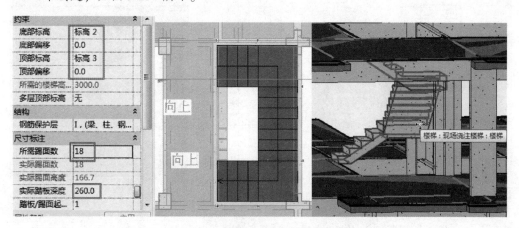

图3-134　创建第二层到第三层的1#楼梯

07 2#楼梯与1#楼梯形状相似，只是尺寸有些不同，取决于留出的洞口。创建方法是完全相同的。2#楼梯设计图纸和楼层标高如图3-135所示。

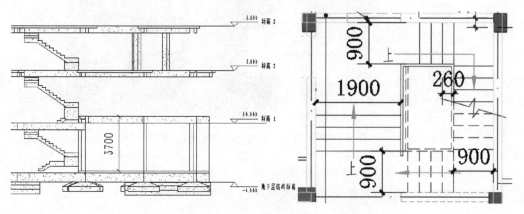

图3-135　楼层标高和2#楼梯设计图

08 在地下层创建的2#楼梯如图3-136所示。

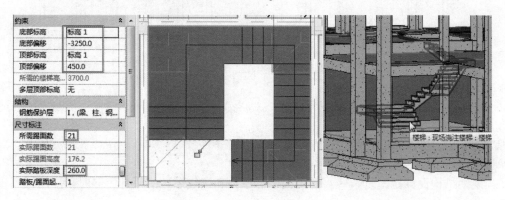

图3-136　创建地下层的2#楼梯

09 设计第一层到第二层之间的 2#结构楼梯。楼梯标高是 3150mm，如图 3-137 所示。

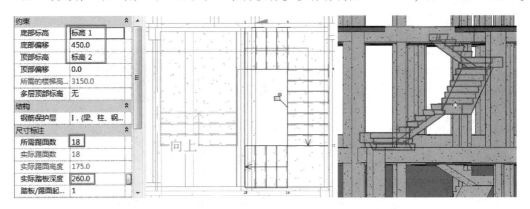

图 3-137　创建第一层到第二层的 2#楼梯

10 设计第二层到第三层的 2#楼梯，楼层标高为 3000mm。在"标高 2"结构平面视图中创建，如图 3-138 所示。

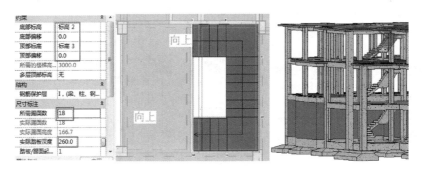

图 3-138　创建第二层到第三层的 2#楼梯

11 将 3 部 1#楼梯镜像到相邻的楼梯间。

12 将创建的 9 部楼梯镜像至另一栋别墅中，如图 3-139 所示。

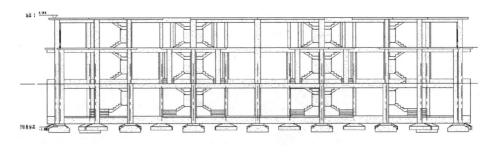

图 3-139　创建完成的楼梯

3.4.4　顶层结构设计

顶层的结构设计稍微复杂些，多了人字形屋顶和迹线屋顶的设计，同时顶层的标高也不相同。

上机操作 顶层结构设计

01 将三层的部分结构柱的顶部标高修改为"标高 4"，如图 3-140 所示。

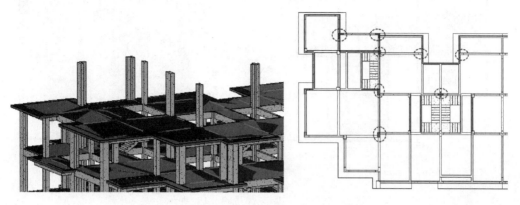

图 3-140　修改三层部分结构柱标高

02 按图纸添加 LZ1 和 KZ3 结构柱，如图 3-141 所示。

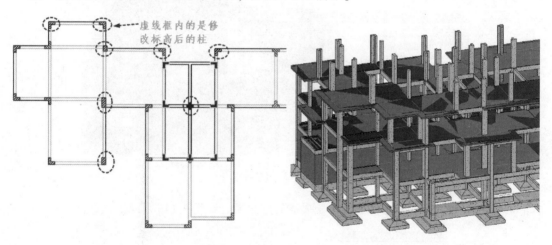

图 3-141　添加其他结构柱

03 在"标高 4"结构平面视图中创建结构梁，如图 3-142 所示。

图 3-142　创建"标高 4"的结构梁

04 创建如图 3-143 所示的结构楼板。接下来创建反口底板，如图 3-144 所示。

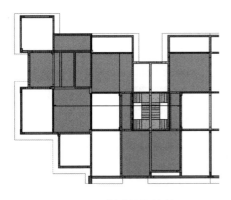

图 3-143　创建结构楼板

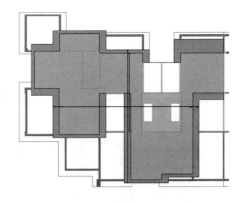

图 3-144　创建反口底板

05 选择部分结构柱，修改其顶部标高，如图 3-145 所示。

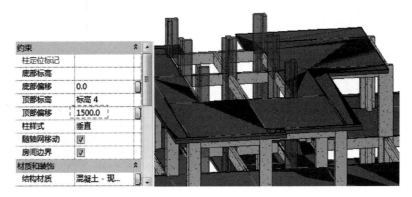

图 3-145　修改结构柱标高

06 在修改标高的结构柱上创建最顶层的结构梁，如图 3-146 所示。

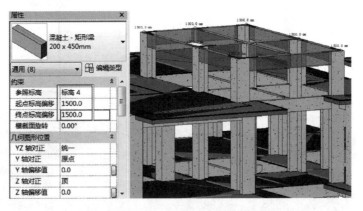

图 3-146　创建最顶层的结构梁

07 在南立面实体中的最顶层设计人字形拉伸屋顶，屋顶类型及屋顶截面曲线如图 3-147 所示。

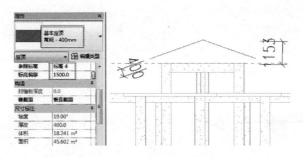

图 3-147　绘制拉伸屋顶曲线

08　创建完成的拉伸屋顶如图 3-148 所示。

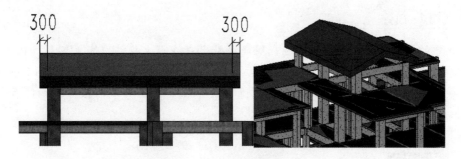

图 3-148　创建完成的拉伸屋顶

09　对 "标高 4" 及以上的结构进行镜像，完成最终的联排别墅的结构设计，如图 3-149 所示。

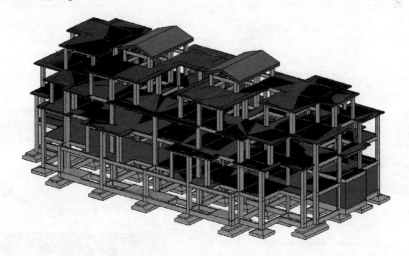

图 3-149　最终完成的别墅结构设计模型

第4章

Revit 钢筋设计与布置

本章导读 《《

Revit 中的钢筋工具可以很轻松地在现浇混凝土或混凝土构件中布置钢筋，在可视化的建筑模型结构中，建立钢筋主要是为了分析与计算。本章以 Naviate Revit Extensions 2021 插件（速博插件）作为钢筋的主要设计与布置工具，学习在建筑结构模型中如何布置柱筋、梁筋、板筋及墙筋等。

案例展现 《《

Naviate Revit Extensions 2021（速博插件）插件是基于 Revit 平台打造的高度智能化钢筋设计与布置工具软件，它比 Revit 自带的钢筋工具要容易操作得多。

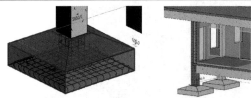

1. 基础钢筋布置	2. 柱筋布置

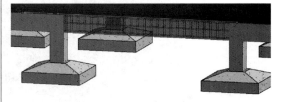

3. 布置梁筋

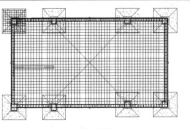

4. 布置板筋

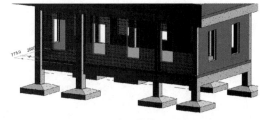

5. 布置墙筋

4.1　Revit 钢筋工具

在 Revit 中设计钢筋主要是通过自身的钢筋工具和速博插件中的钢筋工具来完成。在建筑结构模型设计完成后，即可为混凝土结构或构件放置钢筋。

4.1.1　钢筋的布置

若要使用 Revit 钢筋，则在【结构】选项卡下【钢筋】面板中选择合适的钢筋工具，如图 4-1 所示。

或者先选中要布置钢筋的结构模型（有效主体）如墙、基础、梁、柱或楼板等，在出现的上下文选项卡下会显示钢筋工具，根据选择的结构模型不同，显示的钢筋工具也会不同。如果选中结构楼板，将会显示如图 4-2 所示的上下文选项卡下的钢筋工具。如果选中的是结构柱、结构基础或结构梁，显示如图 4-3 所示的钢筋工具。

图 4-1　【钢筋】命令面板

图 4-2　结构楼板的上下文选项卡下钢筋工具

图 4-3　其他结构模型所显示的钢筋工具

4.1.2　钢筋设置

钢筋的设置包括钢筋保护层的设置和钢筋设置。

为了防止钢筋与空气接触被氧化而锈蚀，在钢筋周围应留有一定厚度的保护层。保护层厚度是指钢筋外表面至混凝土外表面的距离。一般梁、柱主筋取 25mm，板取 15mm，墙取 20mm，柱取 30 ~ 35mm。

在【钢筋】面板中单击 钢筋保护层设置，弹出【钢筋保护层设置】对话框，如图 4-4 所示。根据混凝土的强度 C 来设定钢筋保护层厚度。对话框中的参数值是默认设置，可根据建筑结构进行设置。

钢筋设置包括设置钢筋舍入值、区域钢筋、路径钢筋等，以便通过参照弯钩来确定形状匹配，以及在区域和路径钢筋中显示独立钢筋图元。在【钢筋】面板中单击  钢筋设置，弹出【钢筋设置】对话框，如图 4-5 所示。

图 4-4 【钢筋保护层设置】对话框

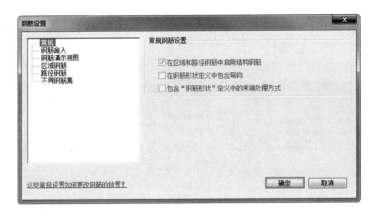

图 4-5 【钢筋设置】对话框

4.1.3 **Naviate Revit Extensions 2021 钢筋插件**

Naviate Revit Extensions 2021（也可简写为 Revit Extensions 2021）插件（速博插件）比 Revit 自带的钢筋工具更易于操作。安装 Naviate Revit Extensions 2021（速博插件）并重启 Revit 2021，Revit 2021 的功能区中将新增一个 Naviate REX 选项卡，速博插件工具如图 4-6 所示。

图 4-6 速博插件工具

| 提示 | 　　在附赠资源的本章源文件夹中为大家提供了免费的 Naviate Revit Extensions 2021 插件程序。 |

4.2　Revit Extensions 2021 钢筋插件应用案例

本节以门卫值班室的结构钢筋布置案例来说明 Revit Extensions 2021 速博钢筋插件的基本用法。门卫值班室房屋主体结构完成效果如图 4-7 所示。

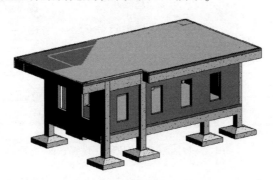

图 4-7　门卫值班室结构主体

4.2.1　布置基础钢筋

门卫值班室的独立基础结构图与钢筋布置示意图，如图 4-8 所示。

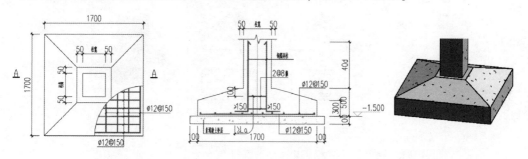

图 4-8　独立基础钢筋结构图

上机操作　布置基础钢筋

01　打开本例源文件 "门卫值班室 .rvt"。

提示	Naviate Revit Extensions 2021 速博钢筋插件仅对 Revit 族库的结构构件产生钢筋布置效果。如果通过网络下载或通过一些族库插件导入的结构件，则不能使用此钢筋插件来布置钢筋。

02　选中门卫值班室结构主体中的一个独立基础，然后在【Naviate REX】选项卡下单击【Spread Footings】(扩展基础) 按钮 ⚓，弹出【Reinforcement of spread footings】(基础配筋) 对话框。

03　在【Geometry】(几何) 设置页面中，显示由 Revit 自动识别独立基础的形状与参数，利用这些参数进行钢筋配置，如图 4-9 所示。

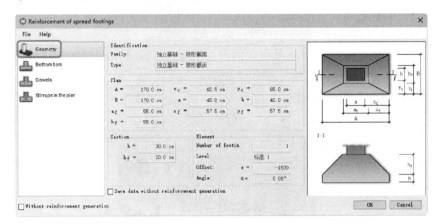

图 4-9 【Geometry】(几何) 设置页面

04 在左侧选项列表中单击【Bottom bars】(底筋) 选项，进入底筋设计页面。设置如图 4-10 所示的底筋参数 (也可保留系统自动计算的参数)。

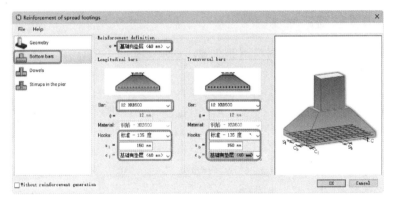

图 4-10 设置底筋参数

05 在左侧选项列表中单击【Dowels】(插筋) 选项，进入插筋设计页面。设置如图 4-11 所示的插筋参数。

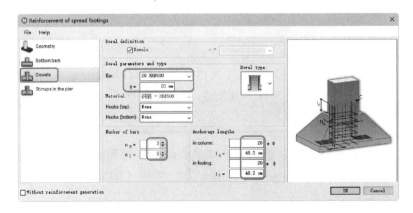

图 4-11 设置插筋参数

06 在左侧选项列表中单击【Stirrups in the pier】（柱箍筋）选项，进入柱箍筋设计页面。设置如图 4-12 所示的柱箍筋参数。

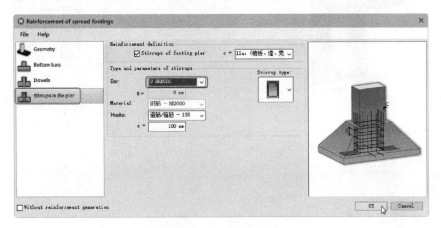

图 4-12　设置箍筋参数

07 钢筋参数设置完毕后，在对话框中单击【File】|【Save】命令，保存所设置的独立基础钢筋参数，以便用于其他相同独立基础。

08 单击【OK】按钮，自动加载钢筋到独立基础，如图 4-13 所示。

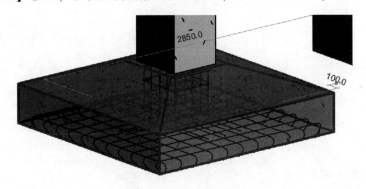

图 4-13　载入基础钢筋

09 同理，设置其余独立基础的钢筋配置，打开【Reinforcement of spread footings】（基础配筋）对话框后，单击【File】|【Open】命令，将前面保存的钢筋参数文件打开，然后直接单击【OK】按钮，自动配置钢筋到独立基础。

4.2.2　布置柱筋

应用速博插件布置结构柱钢筋十分便捷，仅需设置几个基本参数即可。

◎上机操作　布置柱筋操作

01 选中一条结构柱，然后单击【Columns】（柱）按钮，弹出【Reinforcement of columns】（柱配筋）对话框，如图 4-14 所示。

02 进入【Bars】（钢筋）设置页面，设置如图 4-15 所示的柱钢筋参数。

图 4-14 【Reinforcement of columns】（柱配筋）对话框

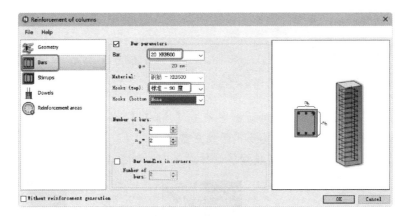

图 4-15 设置柱钢筋参数

03 进入【Stirrups】（箍筋）设置页面，设置如图 4-16 所示的箍筋参数。

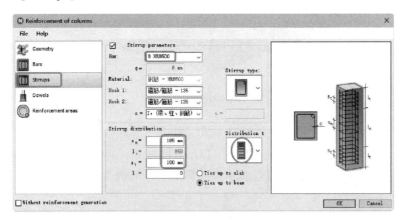

图 4-16 设置箍筋参数

04 在【Dowels】（插筋）页面取消勾选【Dowels】（插筋）复选框，即不设置插筋，如图 4-17 所示。

05 将柱筋参数保存。单击【OK】按钮，自动布置柱筋到所选的结构柱上，如图 4-18 所示。

06 同理，布置其余结构柱的柱筋。

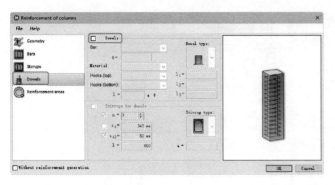

图 4-17　取消勾选【Dowels】（插筋）复选框

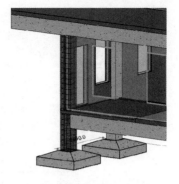

图 4-18　布置的柱筋

4.2.3　布置梁钢筋

对于相同截面参数的结构梁，可以一次性完成梁筋的布置。

上机操作　布置梁钢筋

01　选中一条结构梁，单击【Beams】（梁）按钮，弹出【Reinforcement of beams】（梁配筋）对话框，如图 4-19 所示。

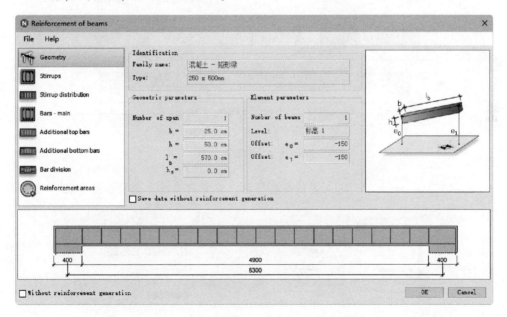

图 4-19　打开【Reinforcement of beams】（梁配筋）对话框

02　第一页为【Geometry】（几何）页面，包含 Revit 自动识别所选的梁构建得到的几何参数，后面的设置会根据几何参数进行钢筋配置。

03　选择 Stirrups 选项，进入箍筋设置页面。设置的选项及参数如图 4-20 所示。

04　选择 Stirrup distribution 选项，进入箍筋分布设置页面，设置的参数及选项如图 4-21 所示。

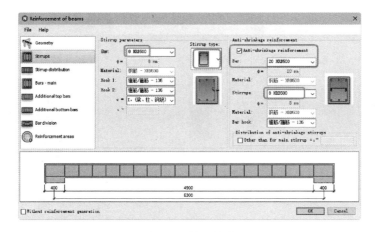

图 4-20　设置箍筋

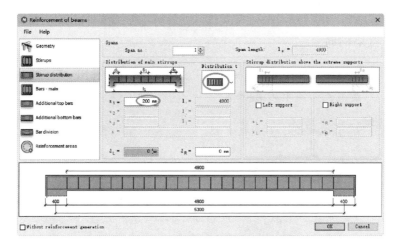

图 4-21　设置箍筋分布

05 选择 Bars-main 选项，进入主筋设置页面，设置的参数及选项如图 4-22 所示。

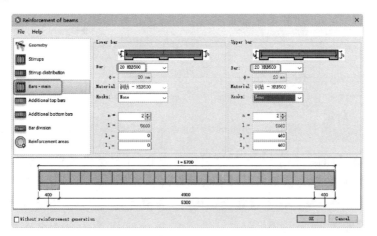

图 4-22　设置主筋

06 其他页面设置保持不变，直接单击【OK】按钮，或者按下 Enter 键，即可自动布置梁钢筋，如图 4-23 所示。

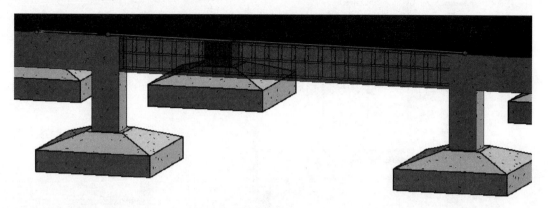

图 4-23　自动布置梁钢筋

07 同理，选择其他相同尺寸结构梁并布置同样的梁筋。

4.2.4　利用 Revit 钢筋工具布置板筋

结构楼板的板筋（受力筋和分布筋）为⌀8@200，受力筋和分布筋间距均为 200mm。

【上机操作】布置受力筋和分布筋

01 为一层的结构楼板布置保护层。切换到"标高 1"结构平面视图，选中结构楼板，单击【保护层】按钮，设置的保护层如图 4-24 所示。

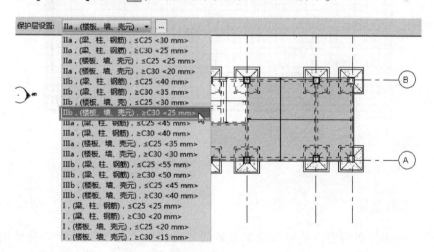

图 4-24　设置保护层

02 在【结构】选项卡下【钢筋】面板中单击【面积】按钮，然后选择一层的结构楼板，在属性面板中设置板筋参数，本例楼层只设置一层板筋即可，如图 4-25 所示。

03 绘制楼板边界曲线作为板筋的填充区域，如图 4-26 所示。

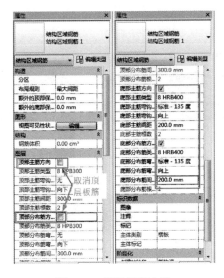

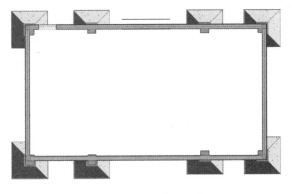

图 4-25　设置板筋参数　　　　　　　　　　图 4-26　绘制填充区域

04 单击【完成编辑模式】按钮✔完成板筋的布置，如图 4-27 所示。

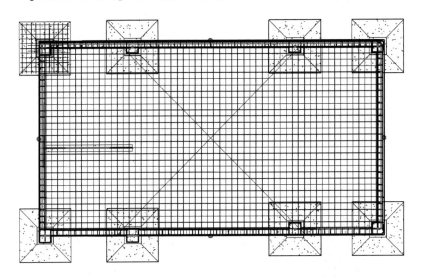

图 4-27　完成的板筋

上机操作 布置负筋

完成受力筋和分布筋后，还要布置支座负筋（常说的"扣筋"）。负筋是使用【路径】钢筋工具创建的。下面仅介绍一排负筋的布置方法，负筋的参数为∅10@200。

01 保持在"标高1"平面视图上。在【钢筋】面板中单击【路径】按钮，然后选中一层的结构楼板作为参照。

02 在【属性】面板中设置负筋的属性，如图 4-28 所示。

03 在【修改 | 创建钢筋路径】上下文选项卡下选择【直线】工具，绘制路径曲线，如图 4-29 所示。

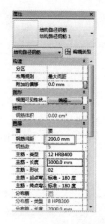

图 4-28　设置负筋参数

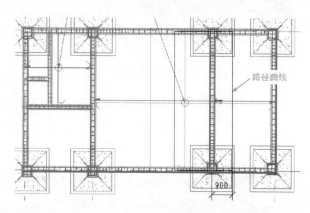

图 4-29　绘制路径直线

04 退出上下文选项卡，完成负筋的布置，如图 4-30 所示。

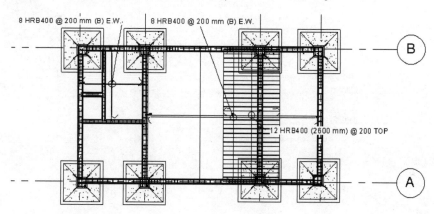

图 4-30　布置完成的负筋

05 同理，布置其余梁跨之间的支座负筋（其他负筋参数基本一致，只是长度不同），
完成结果如图 4-31 所示。

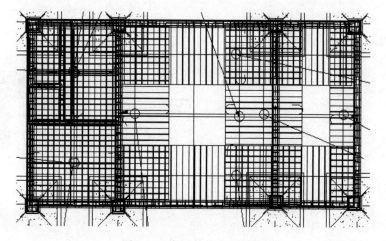

图 4-31　布置其他支座负筋

4.2.5　布置墙筋

墙身钢筋分为剪力墙墙身钢筋和女儿墙墙身钢筋。

上机操作　布置剪力墙墙筋

剪力墙墙筋为∅10@200，分布间距为200mm。

01　选中一面结构墙，然后单击【Walls】（墙筋）按钮，弹出【Reinforcement of walls】（墙配筋）对话框，如图4-32所示。

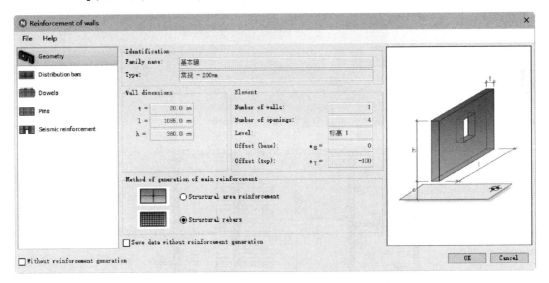

图4-32　【Reinforcement of walls】（墙配筋）对话框

02　单击 Distribution bars 选项，进入【Distribution bars】（墙身配筋）设置页面，设置如图4-33所示的墙身配筋参数。

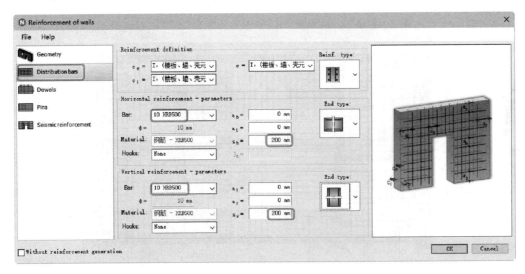

图4-33　设置墙身配筋参数

03 进入【Pins】(拉结筋) 设置页面,设置如图 4-34 所示的拉结筋参数。

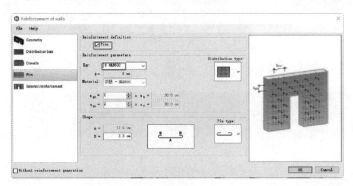

图 4-34　设置拉结筋参数

04 将墙筋参数保存。单击【OK】按钮,自动布置墙筋到所选的剪力墙墙身上,如图 4-35 所示。

05 同理,完成其余结构墙体中的墙筋布置。

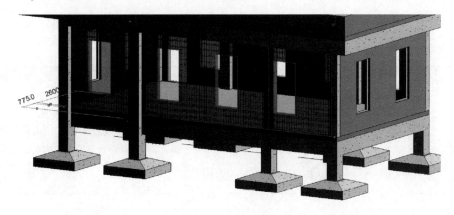

图 4-35　布置的墙筋

第 5 章

Revit 钢结构设计

本章导读 《

　　本章将利用 Revit 2021 的结构设计工具和 SSBIM 钢结构插件工具进行全钢结构设计。钢结构设计属于建筑结构设计的一部分，本章重点介绍在 Revit 中门式钢结构厂房的设计方法。

案例展现 《

案 例 图	描　述
	门式钢结构厂房是较为常见的一种钢结构建筑。本例将利用 Revit 2021 和 SSBIM 钢结构插件中的设计工具，完成从标高与轴网、结构基础到钢架结构的设计、各构件连接的节点设计、构件装配等工作
	钢结构设计的第一步这就是创建标高和轴网。标高与轴网的设计可参考相关图纸协助完成
	结构基础部分包括独立基础、结构柱和结构地梁，在部分地梁上还要砌上建筑砖体，用于防水和防撞
	钢架结构设计部分包括布置钢架柱与钢架梁、布置牛腿及吊车梁、布置支撑与系杆、布置墙面与屋面檩条等
	钢结构厂房的节点包括柱脚节点、轻钢节点和支撑节点三种均可利用 SSBIM 钢结构插件工具来完成设计与安装

5.1　SSBIM 钢结构插件简介

SSBIM for Revit 2021（简称 SSBIM）钢结构插件是基于 Revit 2021 软件平台的钢结构 BIM 设计插件，由 SSBIM 钢构设计团队研发，目前该插件为完全免费使用。

SSBIM for Revit 2021 插件的布置步骤如下。

01 将本章源文件夹的"钢构 SSBIM V2.8 for revit 2021"文件夹中"SSBIM""SSBIM_Model"两个文件夹和"ThoughtWorks. QRCode. dll""CPPCalc. dll"两个 dll 文件，总共四个文件全部放到用户自行布置的 Revit 2021 路径下（例如 E：\Program Files\Autodesk\Revit 2021）。

02 用记事本程序打开"钢构 SSBIM V2.8 for revit 2021"文件夹中的"SSBIM. addin"文件。

03 在打开的记事本程序文件中将"< Assembly > C：\ProgramFiles\Autodesk\Revit 2021\SSBIM\SSBIM. dll </Assembly >"字段中的"C：\ProgramFiles\Autodesk\Revit 2021"修改成用户计算机中 Revit 2021 的安装路径，修改后保存文件。

04 将修改完成的"SSBIM. addin"文件复制到"C：\ProgramData\Autodesk\Revit\Add-ins\2021"目录下。

> **提示**
>
> 　　C 盘中的 Program Data 文件夹可能处于隐藏状态。以 Windows 10 系统为例，需要在桌面左下角执行【开始】|【控制面板】|【文件资源管理器选项】命令，打开【文件资源管理器选项】对话框，在【查看】选项卡下【高级设置】列表中，选中【隐藏文件和文件夹】选项下【显示隐藏的文件、文件夹或驱动器】单选按钮，单击【确定】按钮，即可显示所有隐藏的文件夹，如图 5-1 所示。 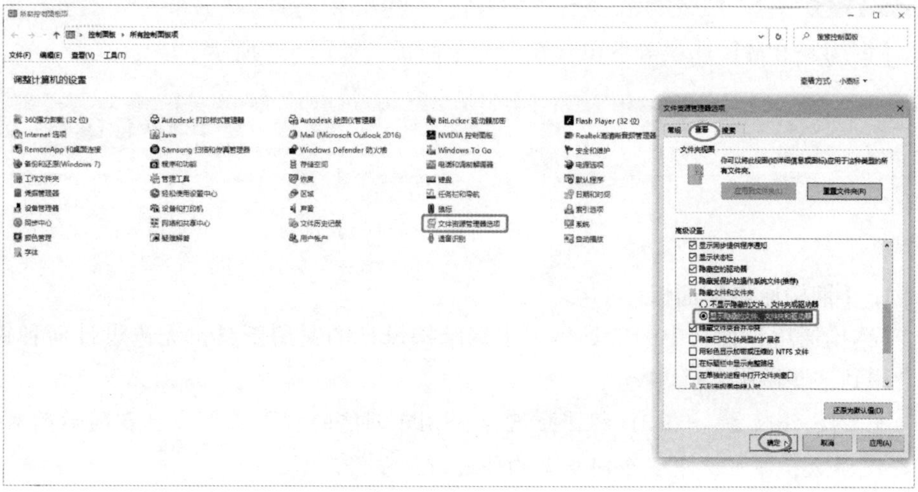
>
>
> 图 5-1　设置【隐藏文件和文件夹】选项

05 启动 Revit 2021 软件后，在项目设计环境界面的功能区中将出现【钢构 SSBIM】及【SSBIM 施工图】选项卡，如图 5-2 所示。

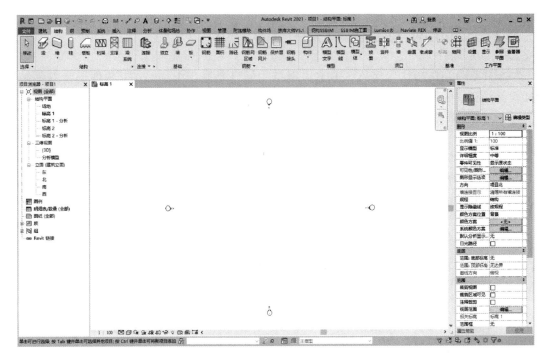

图 5-2　Revit 项目设计环境

| 提示 | SSBIM for Revit 2021 可以搭载到任何版本的 Revit 平台中，按照以上布置步骤，将 SSBIM 插件中的 2021 文字改为当前的 Revit 版本即可，非常方便可靠。 |

5.1.1　【钢构 SSBIM】选项卡

【钢构 SSBIM】选项卡下包含 6 个命令面板，如图 5-3 所示。

图 5-3　【钢构 SSBIM】选项卡

1.【钢构通用】面板

【钢构通用】面板中的工具是用于钢结构设计的通用工具，无论设计何种钢结构类型，都会用到这些通用工具。

- 钢构修改 ：在 3D 视图中选择 SSBIM 创建的构件或节点，在随后的对话框中修改参数，亦可选中多个同类型构件进行批量修改。
- 节点复制 ：在 3D 视图中选择已有的 SSBIM 节点，按照提示选择构件，实现节点复制。
- 轴网 ：可在界面中填写参数创建数据表，进而创建"矩形轴网"或"扇形轴网"，而且可指定轴网的插入点和初始旋转角以定位轴网。
- 标高 ：可在界面中填写参数创建数据表，进而一次创建各楼层标高。

- 钢梁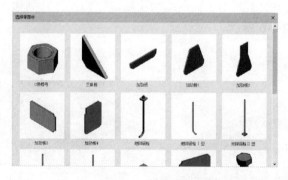：可在结构平面视图以捕捉始点终点方式或在立面视图、3D 视图中以捕捉构件的方式创建钢梁，包括组合截面的多种截面形式，可设置截面对齐方式及截面转角。

- 钢柱：可在结构平面视图中创建各种截面类型的钢柱构件，包括组合截面及格构柱，可设置柱顶、柱底标高以及平面偏位和转角。

- 支撑：可在结构平面视图以捕捉始点终点方式或在立面视图、3D 视图中以捕捉构件的方式创建钢支撑构件，包括组合截面的多种截面形式，可设置截面对齐方式及截面转角。

- 带节点支撑：在 3D 视图中创建带节点的钢支撑构件，包括支撑构件以及两端的节点组件。

- 零部件：引用零部件库中的各类钢结构体系的零部件族，如图 5-4 所示。

> **提示**　　　要使用零部件库中的零部件族，需要到 SSBIM 官网（http://www.ggditu.com/APP/APP_Computer.aspx）扫描二维码下载并布置"钢构地图 APP"程序。布置钢构地图 APP 后，需要依次完成注册、个人信息填写生成二维码名片、获取软件扫描验证权限及扫码验证等流程。整个操作流程的演示步骤保存在本例源文件夹中"怎样通过钢构地图 app 扫码验证"Word 文档中。切记不要在软件中弹出的【软件验证 V2.9】对话框中直接进行扫码。

图 5-4　零部件库

2.【读外部文件建模】面板

【读外部文件建模】面板中的工具用于读取外部数据文件进行辅助建模。

- 读 TXT 文件：读取 AutoCAD 中生成的线模几何数据以及截面规格信息的 TXT 文本文件，自动创建结构模型。

> **提示**　　　要生成 TXT 文本，需要到 http://www.ggditu.com/APP/SSBIM.aspx 官网页面中下载 SSBIM for AutoCAD 插件并布置该插件，该插件可以通过 AutoCAD 平台建立钢结构施工图纸和节点详图。也可将图纸导出为 TXT 文本，详见 SSBIM for CAD 操作。

- 读 SAP2000 文件 **SAP**：读取 SAP2000 中生成的 s2k 命令行文件，自动创建结构模型。
- 梁柱转换 **SSBIM**：在使用其他插件或者系统自带的族完成钢结构建模后，需要使用 SS-BIM 节点的，可以使用该功能将梁柱构件转换成 SSBIM 梁柱构件。

3.【多高层结构】面板

【多高层结构】面板中的工具用于多层或高层钢结构中的结构连接设计，也就是连接节点设计。例如，图 5-5 中的轻钢别墅建筑属于多层建筑。

- 柱脚节点 **品**：包含多高层钢结构体系的各类柱脚节点，包括各类柱截面形式的刚接、铰接类型。
- 梁柱节点 **目**：创建多高层钢结构体系的各类梁柱连接节点，包括不同的柱梁截面形式的刚接、铰接类型。
- 梁梁节点 **F**：创建多高层钢结构体系的各类主次梁连接节点。

图 5-5　轻钢结构建筑

- 拼接节点 **囲**：创建多高层钢结构体系的各类梁或柱的拼接节点。
- 支撑节点 **✗**：创建多高层钢结构体系的各类支撑的连接节点。

4.【轻钢结构】面板

【轻钢结构】面板中的工具用于轻钢结构房屋的结构设计。例如，小厂房的钢结构就属于这种轻钢结构，如图 5-6 所示。

图 5-6　钢结构厂房

- 轻钢线模 **⌂**：在结构平面中，捕捉钢架所在轴线上的点来绘制模型线。
- 轻钢构件 **⊓**：在 3D 视图中，拾取已有的模型线来创建轻钢构件。
- 轻钢节点 **工**：创建轻钢结构体系的各类钢架连接节点。

5.【网架网壳结构】面板

【网架网壳结构】面板中的工具用于设计网状钢结构的建筑，该类建筑如图 5-7 所示。

6.【钢管桁架结构】面板

【钢管桁架结构】面板中的【弯管相贯】工具用于解决在 Revit 中弯管与直管不能相贯连接的问题。

图 5-7　网状钢结构建筑

5.1.2　【SSBIM 施工图】选项卡

在【SSBIM 施工图】选项卡下的工具主要用于钢结构施工图的设计与出图，包含 3 个命令面板，如图 5-8 所示。

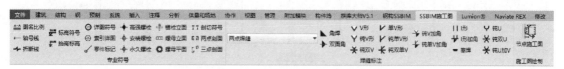

图 5-8　【SSBIM 施工图】选项卡

5.2　门式厂房钢结构设计案例

本节将通过单跨型门式钢结构厂房的结构设计案例，全面介绍 SSBIM for Revit 2021 钢结构设计插件的技术细节与操作流程。

本例将使用 Revit 和 SSBIM for Revit 2021 钢结构工具共同完成门式钢结构厂房项目。门式钢结构厂房的三维效果如图 5-9 所示。

图 5-9　门式钢结构厂房三维效果图

本例的单跨型门式钢结构厂房的中间榀钢架剖面和边榀钢架剖面图，如图 5-10 所示。

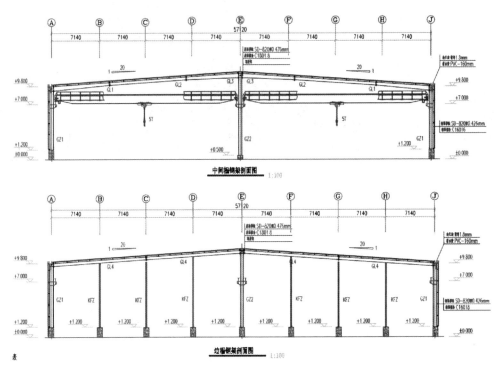

图 5-10　门式钢结构厂房的钢架剖面图

5.2.1　创建标高与轴网

标高与轴网的设计将参考本例源文件夹中的"厂房门式钢结构施工总图 . dwg"图纸和"钢柱平面布置图 . dwg"。下面介绍操作步骤。

01 启动 Revit 2021，在主页界面中单击【模型】组中的【新建】按钮，弹出【新建项目】对话框。选择"Revit 2021 中国样板"样板文件后单击【确定】按钮，进入建筑项目设计环境，如图 5-11 所示。

02 在【插入】选项卡下单击【链接 CAD】按钮，打开本例源文件夹中的"钢柱平面布置图 . dwg"图纸文件，如图 5-12 所示。

图 5-11　创建项目

图 5-12　链接 CAD 图纸文件

03 切换到"标高1"楼层平面视图。链接的 CAD 图纸如图 5-13 所示。

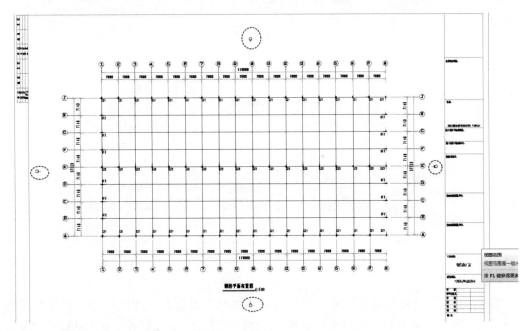

图 5-13　链接的 CAD 图纸

04 在【钢构 SSBIM】选项卡下单击【轴网】按钮 ，弹出【轴网设置】对话框。参照链接的 CAD 图纸，设置轴网参数，设置完成后单击【绘制轴网】按钮，如图 5-14 所示。

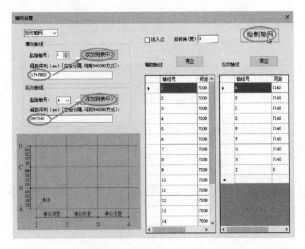

图 5-14　设置轴网参数

05 随后自动创建出轴网，如图 5-15 所示。

> **提示**　　在 Revit 中建模时，建议开启 AutoCAD 软件并打开"厂房门式钢结构施工总图 .dwg"图纸，以便于查看总图图纸中的各建筑与结构施工图。

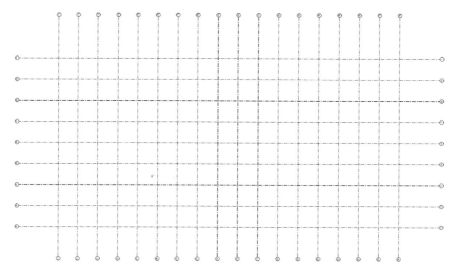

图 5-15 自动创建轴网

06 厂房的标高创建可参考"厂房门式钢结构施工总图"图纸中的"轴墙面彩板布置图"立面。切换到东立面视图，然后选中"标高2"并按住 **Ctrl** 键进行复制，修改复制出来的标高值，完成标高的创建，结果如图 5-16 所示。

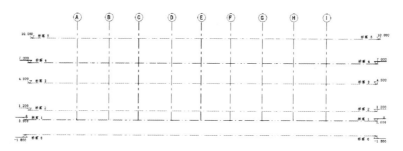

图 5-16 创建标高

07 为了方便钢结构设计，将标高重新命名，结果如图 5-17 所示。

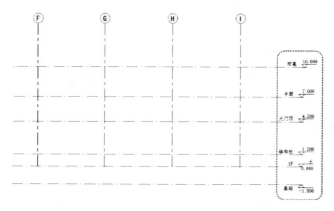

图 5-17 重命名标高

08 创建标高后，部分楼层平面视图并没有立即显示出来，需要在【视图】选项卡下【创建】面板中单击【平面视图】|【结构平面】按钮，打开【新建结构平面】对话框。在视图列表中选取所有标高，单击【确定】按钮，完成新结构平面视图的创建，如图 5-18 所示。

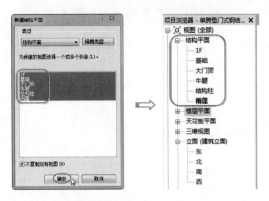

图 5-18　创建新结构平面视图

> **提示**　　如果使用【标高】工具 $\underline{3.000}$ 创建标高，则自动创建新结构平面视图。

5.2.2　结构基础设计

本例厂房的结构基础部分包括独立基础、结构柱和结构地梁，在部分地梁上还要砌上建筑砖体，用于防水和防撞。

1. 独立基础设计

独立基础的设计需要参考"厂房门式钢结构施工总图"图纸中的"基础锚栓布置图"。由于"厂房门式钢结构施工总图"图纸中缺少独立基础的标高标注，这里按照常规做法指定独立基础的标高为 −1.8m。本例中的独立基础有两种规格，如图 5-19 所示。

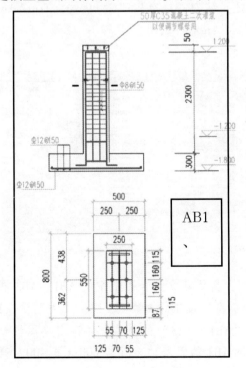

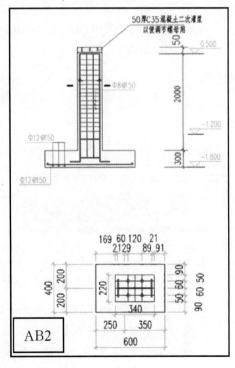

图 5-19　两种规格参数的独立基础

独立基础的平面布置示意图如图 5-20 所示。

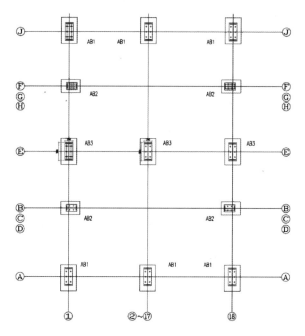

图 5-20　独立基础平面布置示意图

01 切换到"基础"结构平面视图。在【结构】选项卡下【基础】面板中单击【独立基础】按钮⬛，弹出【Revit】对话框。对话框中显示信息提示【项目中未载入结构基础族、是否要现在载入?】。单击【是】按钮，然后从"C:\ProgramData\Autodesk\RVT 2021\Libraries\China\结构\基础"路径中打开"基脚 – 矩形.rfa"基础族，如图 5-21 所示。

图 5-21　载入基础族

02 此时默认载入的基础族只有一种规格尺寸，需要建立符合图纸中的 AB1、AB3 和 AB2 的基础族。在属性面板中单击【编辑类型】按钮，弹出【类型属性】对话框。单击【复制】按钮，创建名为"AB1、AB3"的新族，并设定其属性参数，如图 5-22 所示。同理，再复制出名为 AB2 的新基础族（长 600 × 宽 400 × 高 300），如图 5-23 所示。

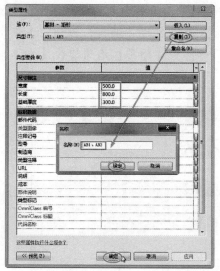

图 5-22　复制出 "AB1、AB3" 新族

图 5-23　复制出 AB2 新族

03　依次将 "AB1、AB3" 基础族和 AB2 基础族——布置在相应的位置上，结果如图 5-24 所示。布置 AB2 基础族时需要按下 Enter 键来调整族的方向，另参考 "基础锚栓布置图" 图纸中的独立基础布置尺寸进行平移操作。

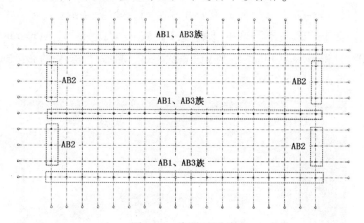

图 5-24　布置基础族

04　框选所有基础族，然后在属性面板中修改其标高为 "基础"，使所有基础族在 "基础" 结构平面中，如图 5-25 所示。

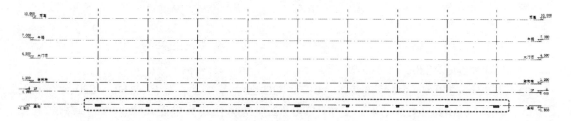

图 5-25　修改基础族的标高

> **技术要点**　　如果在 1F 结构平面中无法看见基础结构平面中的独立基础，可以在属性面板中单击【范围】选项组中【视图范围】选项后的【编辑】按钮，在弹出的【视图范围】对话框中设置【顶部】【底部】和【标高】选项均为【无限制】，即可显示独立基础，如图 5-26 所示。

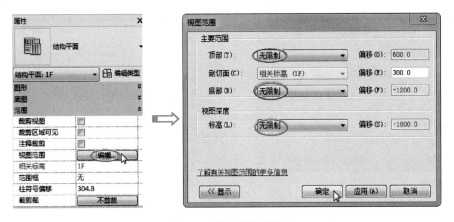

图 5-26　设置视图范围

2. 结构柱设计

01 在【结构】选项卡下【结构】面板中单击【柱】按钮，在弹出的【修改 | 布置结构柱】上下文选项卡下单击【载入族】按钮，从"C:\ProgramData\Autodesk\RVT 2021\Libraries\China\结构\柱\混凝土"路径下载入"混凝土 – 正方形 – 柱.rfa"族，如图 5-27 所示。

图 5-27　载入混凝土结构柱族

02 参照前面复制独立基础族的做法，复制出两个新的结构柱族，尺寸分别为 550 × 250 和 340 × 220，如图 5-28 所示。

03 将 550 × 250 的结构柱族插入 AB1 和 AB3 独立基础上，然后将 340 × 220 的结构柱族插入 AB2 独立基础上。其中，340 × 220 结构柱族的布置尺寸参考"基础锚栓布置图"图纸。

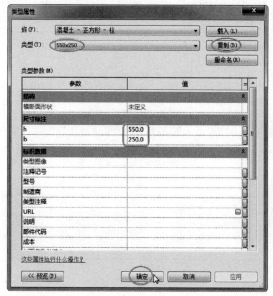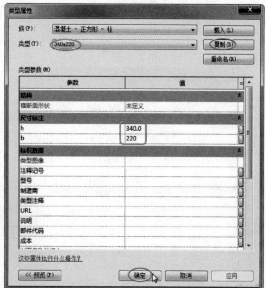

图 5-28 复制出两个新结构柱族

04 选中结构平面中所有 550×250 的结构柱族，然后在属性面板中设置顶部标高为【结构柱】，如图 5-29 所示。同理，选中所有 340×220 的结构柱族，设置其顶部标高为【结构柱】。

05 此外，重新将 E 轴线两端的两颗 AB2 结构柱族的顶部标高设为【结构柱】。

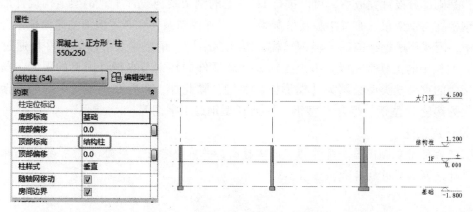

图 5-29 修改结构柱的顶部标高

3. 结构地梁设计

独立基础之间需要设计结构地梁，起到承重和连接稳固作用。结构梁的尺寸为 200×450。

01 切换到 1F 结构平面视图。在【结构】选项卡下【结构】面板中单击【梁】按钮，在弹出的【修改 | 布置 梁】上下文选项卡下单击【载入族】按钮，从 "C:\ProgramData\Autodesk\RVT 2021\Libraries\China\结构\框架\混凝土" 路径下载入 "混凝土 – 矩形梁 . rfa" 梁族到当前项目中。

02 载入的"混凝土 – 矩形梁"族中没有 200×450 尺寸的矩形梁，复制新族，如图 5-30 所示。

03 在 1F 结构平面中绘制结构梁，如图 5-31 所示。

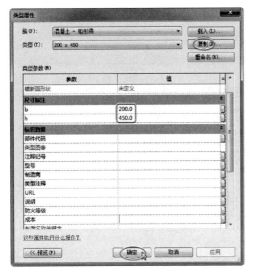

图 5-30　复制矩形结构梁

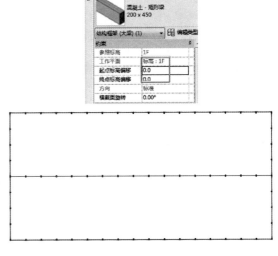

图 5-31　绘制结构梁

5.2.3　钢架结构设计

结构基础部分设计完成后，可以进行 1F 以上的钢架结构设计了。钢架结构设计部分包括布置钢架柱与钢架梁、布置牛腿及吊车梁、布置支撑与系杆、布置墙面与屋面檩条等。在 SSBIM 中，门式厂房钢结构属于轻钢结构，因此钢架柱、钢架梁及节点等构件均通过【轻钢结构】面板中的工具来完成。由于受到 SSBIM 插件的轻钢节点设计工具的限制，与钢架梁两端接触的钢架柱类型必须为【楔形柱】类型，除此外，布置在钢架梁中间的钢架柱类型则必须为热轧 H 型钢、组合 H 型钢、焊接 H 型钢或工字钢等。

1. 设计钢架柱

01 切换到东立面视图。新增 11.7m 的标高，并重命名为"屋面顶梁"。此标高用作设计屋面钢梁时的参考，如图 5-32 所示。

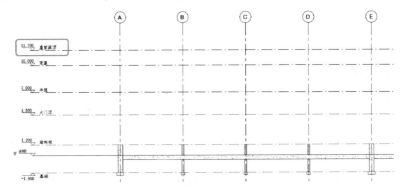

图 5-32　添加新标高

02 在【结构】选项卡下【模型】面板中单击【模型线】按钮八，在弹出的【修改 | 布置 线】上下文选项卡下选择【轴网：1】布置平面。然后在①编号的轴线上绘制模型线，模型线起始于"结构柱"标高，终止于"雨篷"标高，如图 5-33 所示。

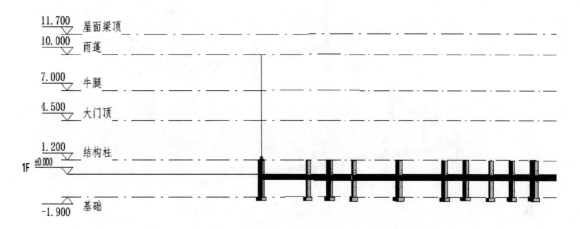

图 5-33　绘制模型线

03 切换到 3D 视图。在【钢构 SSBIM】选项卡下【轻钢结构】面板中单击【轻钢构件】按钮，选取上步骤绘制的模型线后弹出【钢架_楔形柱】对话框。设置楔形柱的参数，单击【确认】按钮，如图 5-34 所示。

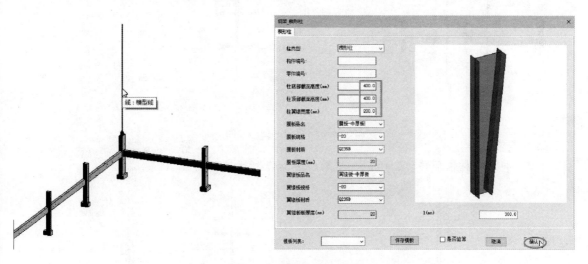

图 5-34　设置楔形柱参数

04 创建楔形柱构件后，默认情况下视图中不会显示楔形柱 3D 模型，需要进行属性设置。选中模型线（其实选中的是楔形柱构件），在属性面板中设置【柱样式】为【垂直】。接着设置其他选项及参数，稍后系统自动应用这些属性设置，并且会显示楔形柱的 3D 模型，如图 5-35 所示。

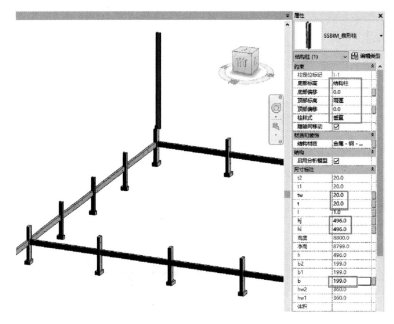

图 5-35　设置楔形柱的属性

05 切换到"结构柱"结构平面。选中楔形柱并按下键盘上的空格键来调整方向，如图 5-36 所示。

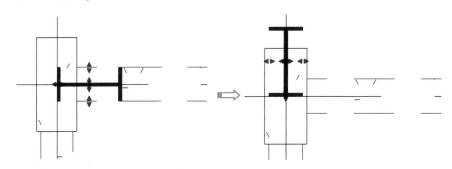

图 5-36　调整楔形柱的方向

06 将楔形柱往下移动 250mm，结果如图 5-37 所示。

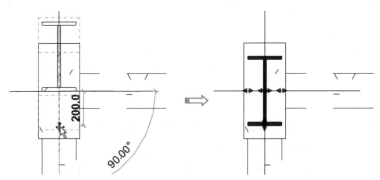

图 5-37　移动楔形柱

07 利用【修改】选项卡下的【复制】工具🔧，复制楔形柱，结果如图 5-38 所示。

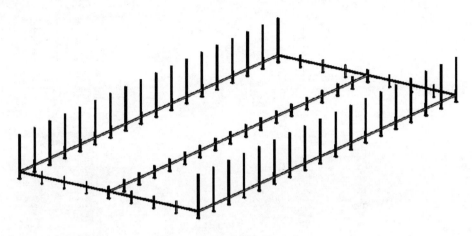

图 5-38　布置钢柱到相应位置

08 在【钢构 SSBIM】选项卡下【钢构通用】面板中单击【钢柱】按钮▯，在弹出的【选择柱类型】对话框中选择【热轧 H 型钢】类型，弹出【设置柱参数】对话框。在【设置柱参数】对话框中单击【选择截面】按钮，如图 5-39 所示。

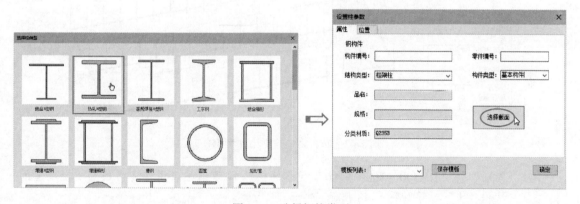

图 5-39　选择钢柱类型

09 在弹出的【截面数据】对话框的规格列表中，选择【自定义】项目下的默认规格，在右侧的参数设置选项区域中设置该规格的详细参数，设置参数后单击【添加】按钮更新数据，并更改新规格的名称为 "HM496 ∗ 199 ∗ 9 ∗ 14"，如图 5-40 所示。

10 单击【添加】按钮，输入新规格的名称为 "HM300 ∗ 160 ∗ 6 ∗ 6"，如图 5-41 所示。

11 选中添加的 "HM496 ∗ 199 ∗ 9 ∗ 14" 规格，单击【确定】按钮返回到【设置柱参数】对话框中，再次单击【确定】按钮，将热轧 H 型钢柱布置在 E 轴线上的结构柱上，布置完成的热轧 H 型钢柱效果如图 5-42 所示。

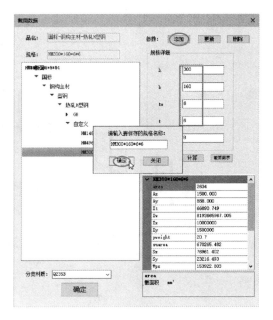

图 5-40　添加 "HM496 * 199 * 9 * 14" 规格　　　　图 5-41　添加 "HM300 * 160 * 6 * 6" 规格

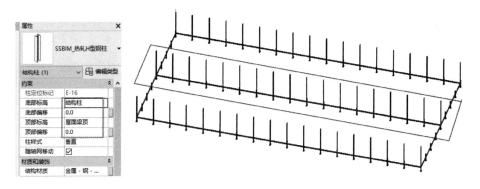

图 5-42　布置完成的热轧 H 型钢柱

12　同理，将 "HM300 * 160 * 6 * 6" 规格的热轧 H 型钢柱布置在 a 轴线和 r 轴线上的结构柱上，结果如图 5-43 所示。

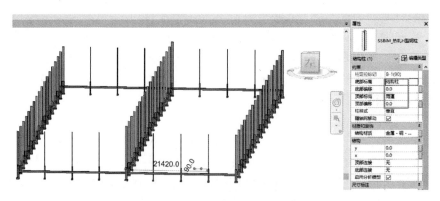

图 5-43　布置 "HM300 * 160 * 6 * 6" 规格的热轧 H 型钢柱

> **提示**　若布置"HM300 * 160 * 6 * 6"规格的热轧 H 型钢柱时发现方向不对，可以在布置钢柱后选中要改变方向的钢柱，按下键盘空格键。

2. 布置牛腿与吊车梁

钢结构牛腿的做法可以参考如图 5-44 所示的示意图。吊车梁包括吊车边跨梁和吊车桥架，如图 5-45 所示。将牛腿、吊车桥架和吊车梁的设计做成族的形式，可以减少建模时间。

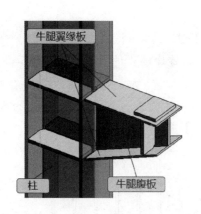

图 5-44　钢结构牛腿

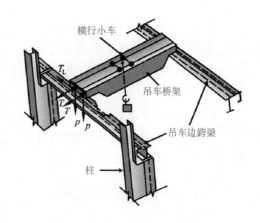

图 5-45　边跨吊车梁

01 切换到 3D 三维视图。在【钢构 SSBIM】选项卡下【轻钢结构】面板中单击【轻钢节点】按钮 ，在弹出的【选择节点】对话框中选择【牛腿】节点类型，并在视图平面中选取要添加牛腿的楔形柱（在 A 轴线与 a 轴线的交点上），随后弹出【Gol_ Lightgage_ Corbel_ 1】对话框，设置牛腿的参数后，单击【确认】按钮即可布置牛腿于楔形柱上，如图 5-46 所示。

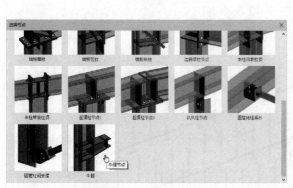

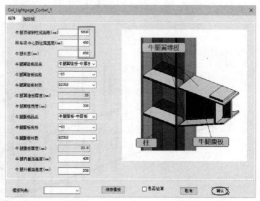

图 5-46　选择牛腿节点并设置牛腿参数

02 复制牛腿，水平复制到其他数字轴线上（即同规格的楔形柱上），如图 5-47 所示。

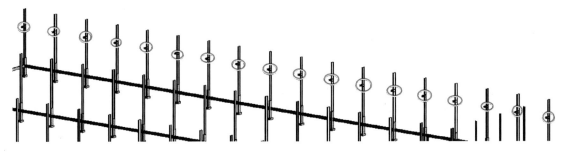

图 5-47　复制牛腿

03　利用【修改】选项卡下的【镜像 – 拾取轴】工具 ，将 A 轴线上的 18 个楔形柱全部选中，然后将其镜像至 C 轴线（C 轴线为镜像轴）的另一侧，如图 5-48 所示。

> **提示**　　　若要快速全部选中某一类型的构件，可以先右击一个构件，在弹出的右键菜单中选择【选择全部实例】|【在整个项目中】命令。

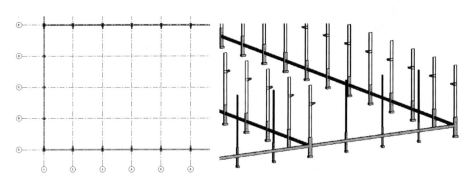

图 5-48　镜像牛腿

04　将 A 轴线和 C 轴线上的 36 个牛腿全部选中，然后将其镜像至 E 轴线的另一侧，至此完成了牛腿节点的设计，结果如图 5-49 所示。

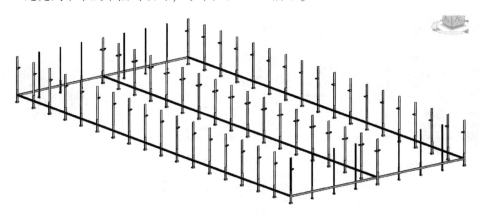

图 5-49　镜像复制完成的牛腿构件

05 在【钢构 SSBIM】选项卡下【钢构通用】面板中单击【钢梁】按钮，在弹出的【选择非柱构件】对话框中选择【工字钢】构件类型，参考前面设置热轧 H 型钢柱的操作方法，选择工字钢截面的数据类型为 I40c，设置完成后，在第一个牛腿选取起点，在最后一个牛腿上选取终点，完成第一条工字钢钢梁（即吊车梁）的绘制，如图 5-50 所示。

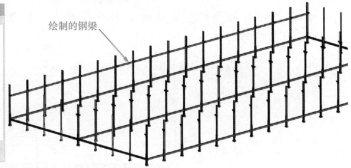

图 5-50　绘制工字钢钢梁

06 调整工字钢钢梁的标高，使其底部位于牛腿的垫板上，如图 5-51 所示。

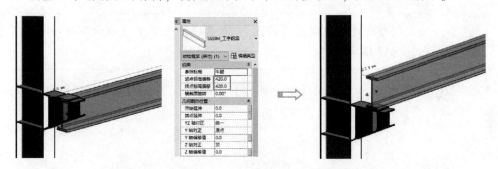

图 5-51　调整工字钢钢梁的标高

07 将工字钢钢梁复制到其他牛腿上，完成整个厂房的工字钢钢梁的布置。

08 在【结构】选项卡下单击【构件】按钮，载入本例源文件夹中的"吊车.rfa"族并布置在吊车梁之间，布置两部吊车，如图 5-52 所示。

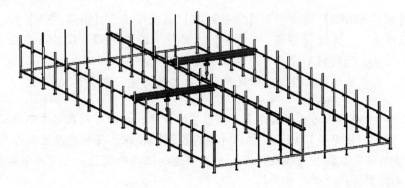

图 5-52　布置吊车族

3. 布置屋面钢架梁

本例厂房的屋面钢架梁采用的是"单坡单跨"钢架桁生形式。SSBIM 插件中的轻钢结构设计主要面向钢结构厂房的建筑类型，同时也规定了轻钢结构的钢架梁类型必须为楔形梁，不能用【钢构通用】面板中的【钢梁】工具来创建。另外，每一条单跨梁均由"楔形边梁"和"楔形梁"构成。

01 切换到东立面视图。利用【结构】选项卡下的【模型线】工具，绘制连接 A 轴线上楔形柱顶面的左端点到 E 轴线上楔形柱顶面的中间点的模型线（直线），如图 5-53 所示。

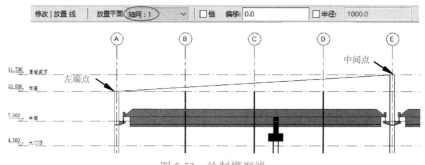

图 5-53　绘制模型线

> **提示**　　绘制模型线时，确保在【修改 | 布置线】上下文选项卡下选项栏中，【放置平面】为【轴网：1】。

02 在【修改】选项卡下单击【拆分图元】按钮 ⊷，将上步骤绘制的模型线拆分于 C 轴线，将模型线一分为二，如图 5-54 所示。

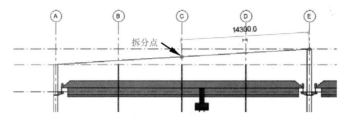

图 5-54　拆分模型线

03 在【钢构 SSBIM】选项卡下【轻钢结构】面板中单击【轻钢构件】按钮 ⊓，选取一段模型线，弹出【钢架_楔形梁】对话框。设置楔形边梁的参数后，单击【确认】按钮，完成楔形边梁的创建，如图 5-55 所示。

04 同理，选取第二段模型线，创建相同参数的楔形梁，如图 5-56 所示。

> **提示**　　对于使用相同参数创建多条楔形梁的情况，我们可以在完成参数设置后，单击【钢架_楔形梁】对话框中的【保存模板】按钮，将参数设置保存为模板，下次使用时可直接在【模板列表】列表中选择保存的模板，无需再重新设置参数，从而提高建模效率。

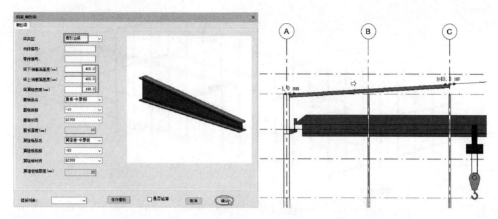

图 5-55　创建楔形边梁

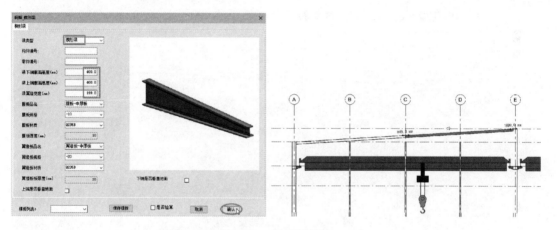

图 5-56　创建楔形梁

05 将第一段楔形边梁和第二段楔形梁镜像至 E 轴线的另一侧，至此完成边榀钢架梁的设计，如图 5-57 所示。

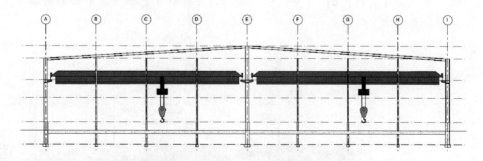

图 5-57　镜像楔形梁至 E 轴线的另一侧

06 选中 a 轴线上的边榀钢架梁，将其复制到 r 轴线上，完成结果如图 5-58 所示。

07 创建中间榀钢架梁，中间榀钢架梁由两端楔形边梁（GL1 与 GL3）和中间的斜线梁（GL2）构成，如图 5-59 所示。

图 5-58　复制边榀钢架梁

> **提示**　　GL1 的截面参数为（大端 800～小端 400）＊199＊6＊10；GL2 的截面参数为 400＊199＊6＊8；GL3 的截面参数为（小端 400～大端 800）＊199＊6＊10。

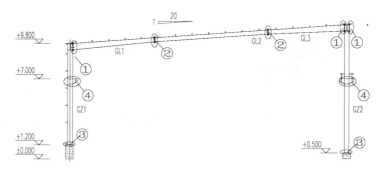

图 5-59　中间榀钢架梁的构成

08　切换到东立面视图中，将之前创建的边榀钢架梁和模型线暂时隐藏。在【结构】选项卡下单击【模型线】按钮，在弹出的【修改 | 放置 线】上下文选项卡下选项栏中选择【轴网：2】作为放置平面，然后绘制与边榀钢架梁相同的模型线，将其拆分成三段，如图 5-60 所示。

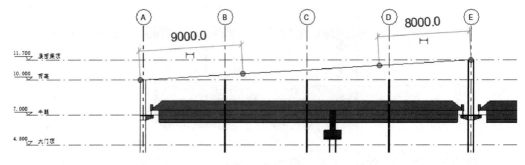

图 5-60　绘制模型线并将其拆分

09　在【钢构 SSBIM】选项卡下【轻钢结构】面板中单击【轻钢构件】按钮，选取左侧的第一段模型线，在弹出的【钢架_楔形梁】对话框中设置楔形边梁的参数，单击【确认】按钮完成楔形边梁的创建，如图 5-61 所示。

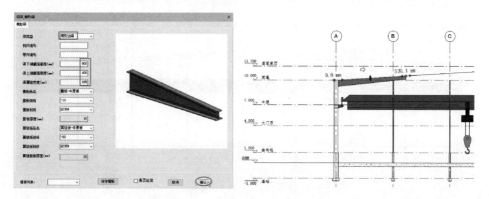

图 5-61　创建第一段楔形边梁

10 选取第三段模型线来创建楔形边梁，如图 5-62 所示。

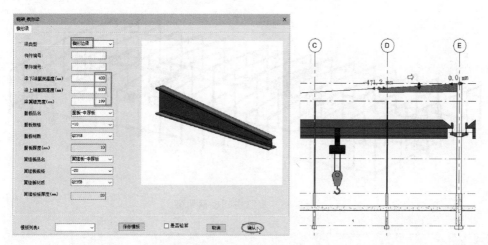

图 5-62　创建第三段楔形边梁

11 选取第二段模型线来创建楔形梁，如果 5-63 所示。

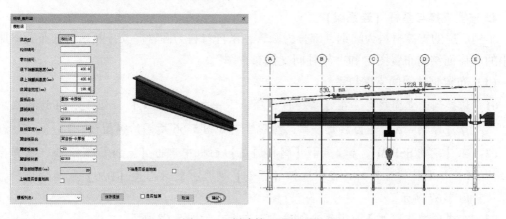

图 5-63　创建第二段楔形梁

12 将三段楔形边梁和斜线梁镜像至 E 轴线的另一侧，至此完成中间楔钢架梁的设计，如图 5-64 所示。

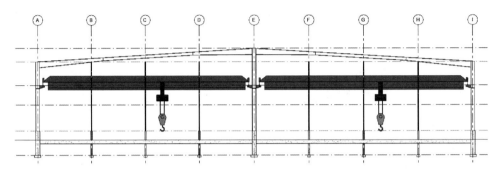

图 5-64　镜像楔形梁至 E 轴线的另一侧

13 切换到南立面视图。选中 b 轴线上的中间楔钢架梁，将其依次复制到 c ~ q 轴线上，完成结果如图 5-65 所示。

图 5-65　复制中间楔钢架梁

> **提示**　复制时，关闭【修改 | 选择多个】上下文选项卡下选项栏中的【约束】选项，同时还要勾选【多个】复选框，否则不能进行水平复制操作。

4. 布置支撑与系杆（连系梁）

本例厂房的支撑材料为圆钢，部分为圆管，系杆材料为圆管。支撑及系杆的布置参照总图中的"屋面结构布置图"和"轴柱间支撑布置图"。

（1）布置钢柱间的支撑与系杆

01 切换到北立面视图。在【结构】选项卡下单击【模型线】按钮，在选项栏中选择【轴网：A】作为放置平面，然后绘制如图 5-66 所示的模型线。

02 在【钢构 SSBIM】选项卡下【钢构通用】面板中单击【支撑】按钮，在弹出的【选择非柱构件】对话框中选择【圆钢】类型，然后选择【D20】规格的圆钢，如图 5-67 所示。

03 在视图中选取两条模型线来创建圆钢支撑，如图 5-68 所示。

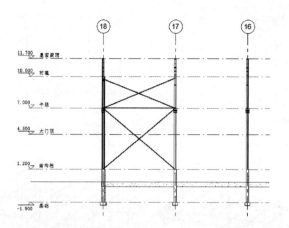

图 5-66　绘制模型线

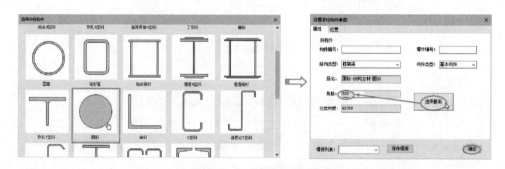

图 5-67　选择钢梁构件类型与规格

04 创建圆管支撑，圆管的规格为【P114＊4】(直径 114mm、管厚 4mm)，如图 5-69 所示。

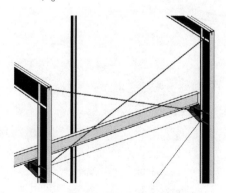 

图 5-68　创建圆钢支撑　　　　　图 5-69　创建圆管支撑

05 切换到北立面图。选取圆钢支撑和圆管支撑，将其水平复制到其他位置上，结果如图 5-70 所示。

06 切换到东立面视图。将 A 轴线上的所有圆钢支撑和圆管支撑镜像至 E 轴向的另一侧。再将 A 轴线上的所有圆钢支撑和圆管支撑镜复制到 E 轴线上。最终创建完成的支撑和系杆如图 5-71 所示。

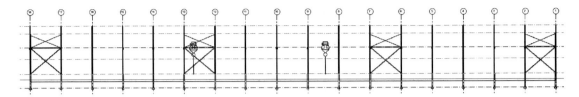

图 5-70　复制圆钢支撑和圆管支撑

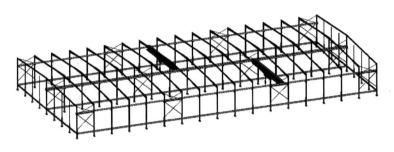

图 5-71　轴柱间的支撑完成效果

（2）布置屋面支撑

屋面的支撑系统也是由⌀20 圆钢和⌀114、厚度为 4mm 的系杆构成。

01　切换到北立面视图，将牛腿标高上的所有系杆复制到圆钢支撑的端点上（在标高 9.8m 的位置），然后在属性面板中设置参数，如图 5-72 所示。

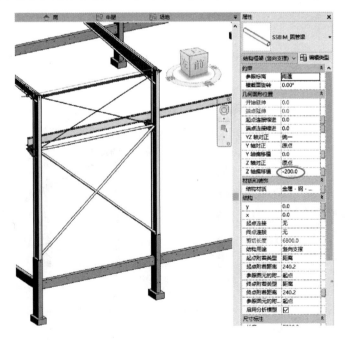

图 5-72　复制系杆

| 提示 | E 轴线上所复制的系杆的标高应为 10.4m。 |

02 切换到 3D 三维视图。在【结构】选项卡下【工作平面】面板中单击【设置】按钮 ![button]，选择边榀梁的顶面作为平面参考，创建如图 5-73 所示的工作平面，该工作平面默认名称为 "SSBIM_条板：SSBIM_条板"。

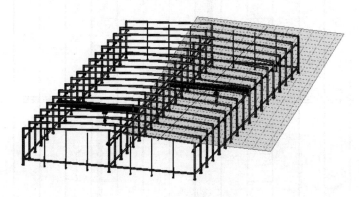

图 5-73　创建工作平面

03 切换到 "屋面顶梁" 结构平面视图。单击【模型线】按钮 ![button]，选择【SSBIM_条板：SSBIM_条板】作为模型线的放置平面，然后绘制如图 5-74 所示的模型线。

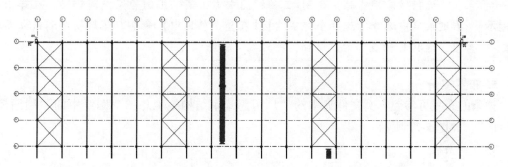

图 5-74　绘制模型线

04 在上步绘制的模型线中，水平线为圆管梁（系杆），斜交叉线为圆钢梁。创建圆管梁和圆钢梁的方法前面已介绍，这里不再赘述。将屋面的所有圆管梁和圆钢梁的标高往 Z 轴下调 200mm，如图 5-75 所示。

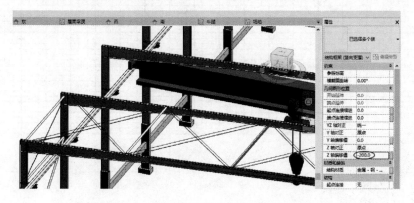

图 5-75　调整屋面圆钢梁和圆管梁的标高

05 利用【镜像－拾取轴】工具，将屋面圆钢梁和圆管梁镜像至 E 轴线的另一侧，最终结果如图 5-76 所示。

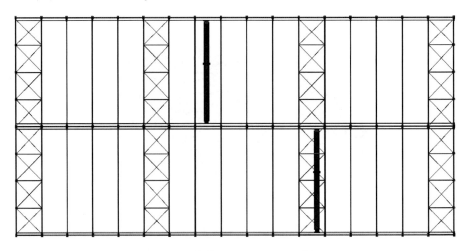

图 5-76　镜像屋面圆钢梁和圆管梁

提示　　进行镜像操作时，在 3D 三维视图中右击某一根圆管梁或圆钢梁，在弹出的右键菜单中选择【选择全部实例】|【在整个项目中】命令，然后切换到东立面视图，选取 E 轴线作为镜像轴，即可完成镜像操作。

5. 布置檩条

檩条的布置可参照本例文件夹中的"厂房门式钢结构施工总图"图纸中的"屋面檩条布置图"，如图 5-77 所示。

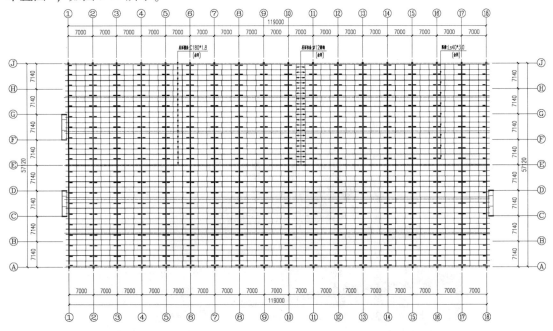

图 5-77　屋面檩条布置图

01 暂时隐藏屋面的圆钢梁和圆管梁。切换到"屋面顶梁"结构平面视图。

02 在【结构】选项卡下单击【模型线】按钮八，在选项栏中选择【SSBIM_条板：SSBIM_条板】作为放置平面，然后绘制如图 5-78 所示的模型线。

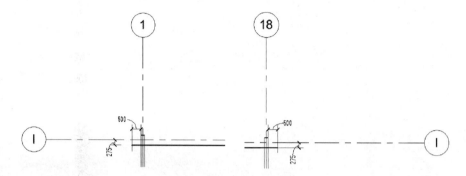

图 5-78　绘制模型线

03 切换到西立面视图。选中模型线，利用【阵列】工具对其进行阵列（阵列起点为模型线与 a 轴线的交点，阵列终点为 E 轴线与 a 轴线的交点，阵列数为 19），如图 5-79 所示。

> **提示**　　在阵列时，要取消勾选选项栏中的【成组并关联】复选框。

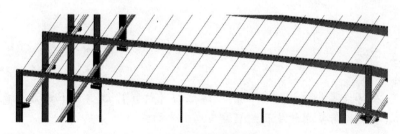

图 5-79　阵列模型线

04 切换到 3D 三维视图。在【钢构 SSBIM】选项卡下单击【钢梁】按钮，弹出【选择非柱构件】对话框。选择【C 型钢】构件类型，然后在弹出的【设置非柱构件参数】对话框中单击【选择截面】按钮，如图 5-80 所示。

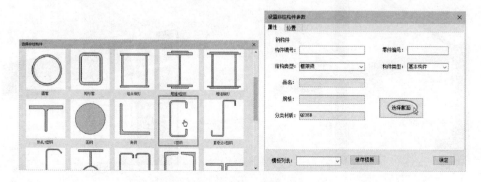

图 5-80　选择钢梁构件类型

05 在弹出的【截面数据】对话框中选择【C180＊70＊20＊2.5】规格，然后单击【确定】按钮完成截面的选择，如图 5-81 所示。

06 在【设置非柱构件参数】对话框的【位置】选项卡下设置参数，设置完成后单击【确定】按钮，如图 5-82 所示。

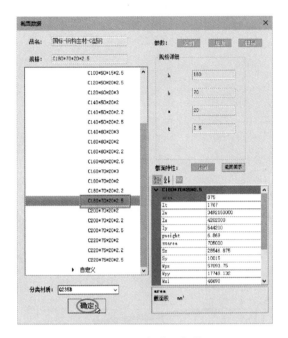

图 5-81　选择截面规格

图 5-82　设置位置参数

> **提示**　在【设置非柱构件参数】对话框的【位置】选项卡下设置【截面旋转角】参数之前，需要测量屋面钢架梁与水平线的夹角。

07 在视图中依次选取模型线，随即创建檩条，如图 5-83 所示。

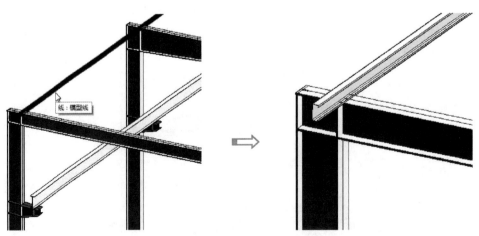

图 5-83　选取模型线创建檩条

08　将创建的所有檩条镜像至 E 轴线的另一侧，如图 5-84 所示。

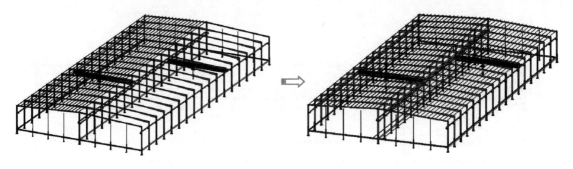

图 5-84　镜像檩条

09　切换到雨篷结构平面视图。使用【镜像 – 拾取轴】工具将阵列的梁（檩条）镜像至 E 轴编号的另一侧，最终布置完成的屋面檩条如图 5-85 所示。

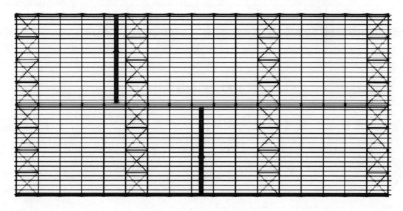

图 5-85　布置完成的屋面檩条

10　布置厂房四周的檩条。单击【结构】选项卡下【工作平面】面板中【设置】按钮，选择 A 轴线上的楔形柱外侧顶面作为新工作平面，如图 5-86 所示。

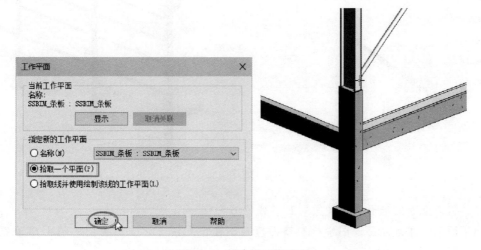

图 5-86　创建新工作平面

11 切换到北立面视图中。单击【模型线】按钮 ⎰，在新建的工作平面（默认名称仍为 "SSBIM_条板：SSBIM_条板"）上绘制如图 5-87 所示的模型线。

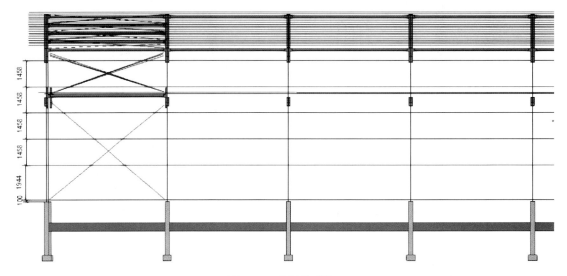

图 5-87 绘制模型线

12 切换到三维视图。在【钢构 SSBIM】选项卡下单击【钢梁】按钮 ⎰，选取 C 型钢（规格为 C180 * 70 * 20 * 2.5），然后选取模型线来创建墙面檩条，如图 5-88 所示。

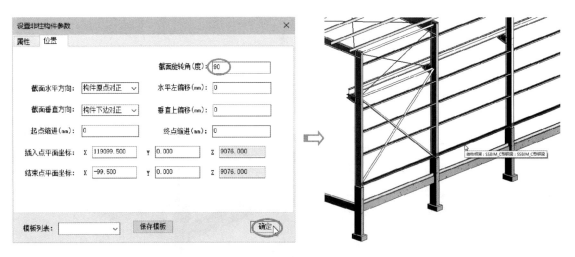

图 5-88 创建墙面檩条

13 将北立面的墙面檩条镜像到 E 轴线的另一侧。

14 同理，在东立面视图中绘制墙面檩条，操作方法与北立面视图的墙面檩条完全相同，如图 5-89 所示。

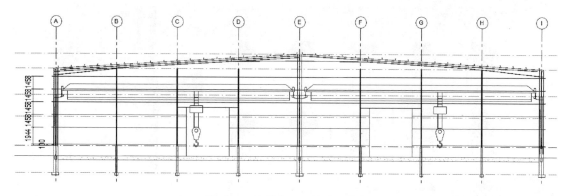

图 5-89　绘制东立面的墙面檩条

15　将东立面中的墙面檩条镜像到对称的西立面中。最后就剩下檩条与檩条之间的拉条了，拉条的布置与檩条相同，这里不再赘述。创建完成的檩条如图 5-90 所示。

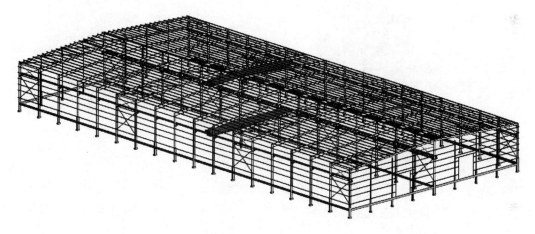

图 5-90　创建完成的檩条

5. 2. 4　连接节点设计

本例钢结构厂房的节点包括柱脚节点、轻钢节点和支撑节点三种。由于节点数量较多，下面仅介绍脚节点和轻钢节点的创建方法，其余节点的设计按照该方法操作即可。也可以创建一个节点，再利用【节点复制】工具将节点复制到具有相同结构的节点位置上。

1. 柱脚节点设计

01　切换到 3D 三维视图。在【钢构 SSBIM】选项卡下【多高层结构】面板中单击【柱脚节点】按钮 ，弹出【选择节点】对话框。

02　在【选择节点】对话框中选择【H_HING_1】节点类型，然后选择一根楔形柱，如图 5-91 所示。

03　在弹出的【ColFoot_H_Hing_1】对话框的【柱底板】选项卡下设置如图 5-92 所示的参数。在【加劲板】选项卡下设置如图 5-93 所示的参数。

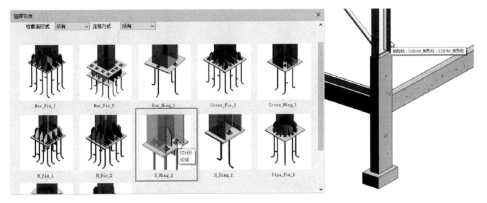

图 5-91　选择柱脚节点类型并选择要添加节点的楔形柱

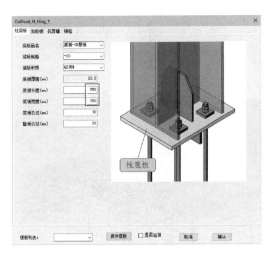

图 5-92　设置【柱底板】选项卡下参数

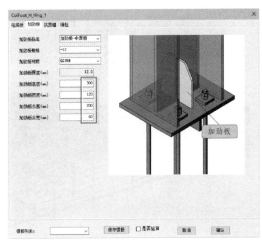

图 5-93　设置【加劲板】选项卡下参数

04　在【锚栓】选项卡下设置如图 5-94 所示的参数。设置后单击【确认】按钮，完成柱脚节点的创建，如图 5-95 所示。

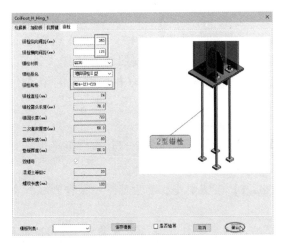

图 5-94　设置【锚栓】选项卡下参数

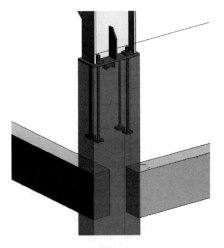

图 5-95　创建柱脚节点

2. 轻钢节点设计

01　创建梁柱节点。在【轻钢结构】面板中单击【轻钢节点】按钮▮，弹出【选择节点】对话框。

02　在【选择节点】对话框中选择【端板竖放】节点类型，接着在视图中选择楔形柱和楔形边梁，随后弹出【BeamCol_Lightgage_Fix_2】对话框，如图 5-96 所示。

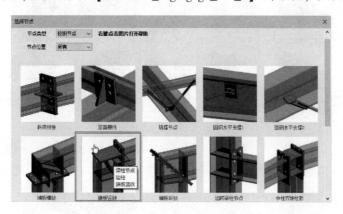

图 5-96　选择梁柱节点类型

03　在该对话框中设置端板参数，单击【确认】按钮，完成梁柱节点的创建，如图 5-97 所示。

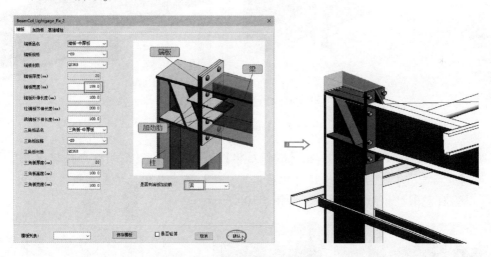

图 5-97　完成梁柱节点的创建

04　创建梁梁节点。在【轻钢结构】面板中单击【轻钢节点】按钮▮，弹出【选择节点】对话框。

05　在【选择节点】对话框中选择【斜梁拼接】节点类型，接着在视图中选择一条楔形边梁和其对接的一条楔形梁，随后弹出【BeamBeam_Lightgage_Fix_1】对话框，如图 5-98 所示。

06　在该对话框中设置端板参数，单击【确认】按钮，完成梁梁节点的创建，如图 5-99 所示。

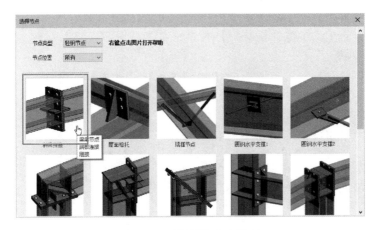

图 5-98   选择梁柱节点类型

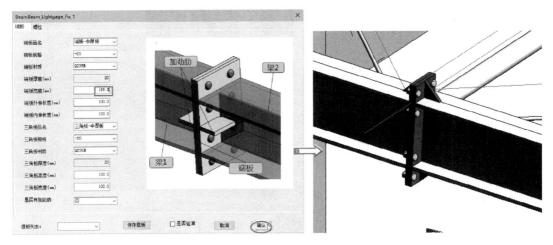

图 5-99   完成梁梁节点的创建

07   创建中柱双坡柱顶节点。在【轻钢结构】面板中单击【轻钢节点】按钮，弹出【选择节点】对话框。选择【中柱双坡柱顶】节点类型，接着在视图中依次选择热轧 H 型钢柱和两条楔形梁，如图 5-100 所示。

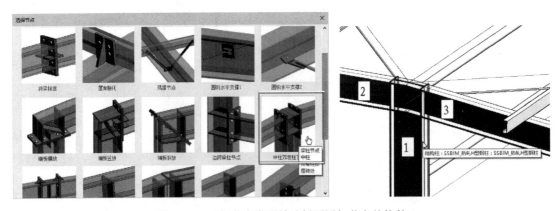

图 5-100   选择节点类型并选择要添加节点的构件

08 随后弹出【BeamCol_Lightgage_Fix_5】对话框,保留该对话框中的默认参数设置,单击【确认】按钮,完成中柱双坡柱顶节点的创建,如图 5-101 所示。

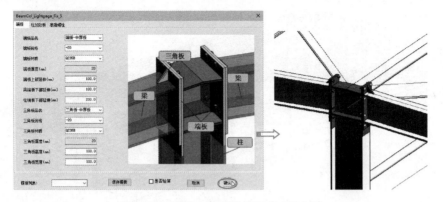

图 5-101　完成中柱双坡柱顶节点的创建

09 创建屋面檩托节点。在【轻钢结构】面板中单击【轻钢节点】按钮，弹出【选择节点】对话框。选择【中柱双坡柱顶】节点类型,接着在视图中依次选择楔形梁和 C 型钢梁(檩条),如图 5-102 所示。

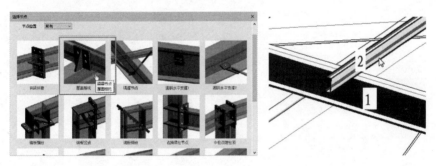

图 5-102　选择节点类型并选择添加节点的构件

10 随后弹出【檩托节点】对话框,保留该对话框中的默认参数设置,单击【确认】按钮,完成屋面檩托节点的创建,如图 5-103 所示。

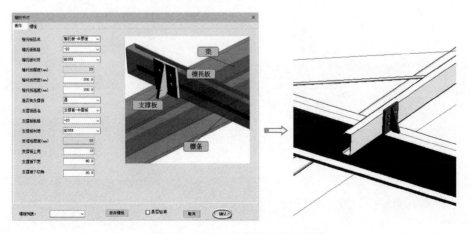

图 5-103　完成屋面檩托节点的创建

11 至此，完成了本例门式厂房钢结构的设计，最终效果如图 5-104 所示。

图 5-104 门式厂房钢结构设计效果

第6章

Revit 建筑结构分析

 本章导读 《《

一幢高层建筑的结构设计是否合格，首先要考虑该建筑的功能要求，其次要检验其结构是否满足荷载、抗震、抗风、抗腐蚀及防火等性能指标。本章主要介绍在 Revit 软件中进行结构分析模型的准备操作，然后将分析模型传输到建筑结构分析软件 Autodesk Robot Structural Analysis Professional 2021（简称 Robot Structural Analysis 2021 或 Robot 2021）中进行结构分析，该软件可以帮助用户解决建筑结构性能问题。

 案例展现 《《

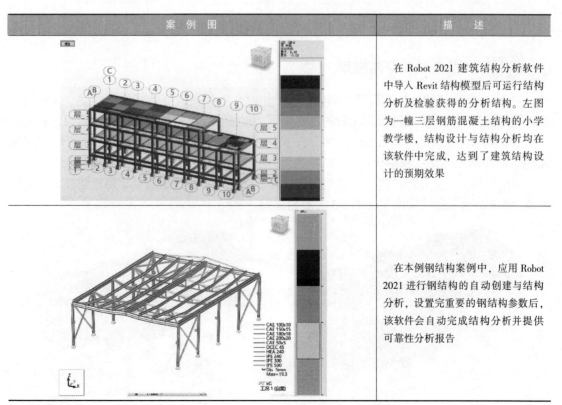

案 例 图	描 述
	在 Robot 2021 建筑结构分析软件中导入 Revit 结构模型后可运行结构分析及检验获得的分析结构。左图为一幢三层钢筋混凝土结构的小学教学楼，结构设计与结构分析均在该软件中完成，达到了建筑结构设计的预期效果
	在本例钢结构案例中，应用 Robot 2021 进行钢结构的自动创建与结构分析，设置完重要的钢结构参数后，该软件会自动完成结构分析并提供可靠性分析报告

6.1 Revit 结构分析模型的准备

基于 Revit 的结构分析工具自 Revit 2019 版本开始，不再提供单独的插件工具进行安装，而是集成在 Revit 安装程序中一并安装。Revit 的结构分析工具（包括【分析模型】面板、【分析模型工具】面板和【结构分析】面板）位于 Revit 2021 项目环境的【分析】选项卡下，如图 6-1 所示。

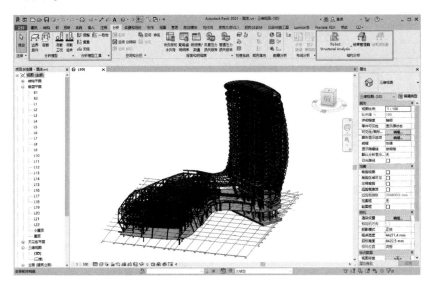

图 6-1　基于 Revit 的结构分析工具

6.1.1　关于结构分析模型

利用 Revit 的结构分析工具进行结构分析操作时，需要提前准备好分析模型。分析模型是对物理模型的工程说明进行简化后的三维表示，包括构成结构物理模型的结构构件、几何图形、材质属性和荷载，其表现形式为分析节点（或称"点图元"）、边图元（或称"线图元"）、曲面图元（楼层和楼板）。

分析模型实际上是用户进行建筑结构设计并创建三维结构模型后自动创建的，无须单独创建。图 6-2 为三维结构模型，图 6-3 为分析模型。

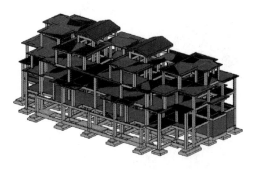

图 6-2　三维结构模型

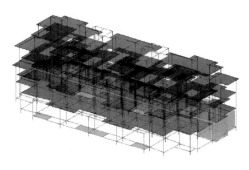

图 6-3　分析模型

1. 分析模型设置

在功能区【分析】选项卡下【分析模型工具】面板中单击【分析模型设置】按钮，弹出【结构设置】对话框。在【结构设置】对话框的【分析模型设置】选项卡下，可以进行相关的选项设置，具体介绍如下。

（1）【自动检查】选项组

勾选【构件支座】复选框和【分析/物理模型一致性】复选框，当分析模型出现问题时，系统会发出自动检查警报。建议不要在项目的早期阶段启用这些设置，因为在模型创建期间，往往有很多不受支持的图元。

（2）【允差】选项组

【允差】选项组中的【公差】选项可设置【分析/物理模型一致性检查】选项组和【自动检查】选项组中的检查选项的公差。

（3）【构件支座检查】选项组

在用户启动的构件支座检查过程中，会用到【构件支座检查】选项组中的【循环参照】选项，勾选【循环参照】复选框，会自动启用圆形支座链检查。

（4）【分析/物理模型一致性检查】选项组

在【自动检查】选项组中勾选【分析/物理模型一致性】复选框后，【分析/物理模型一致性检查】选项组中的检查选项才会起作用。

（5）【分析模型的可见性】选项组

在【分析模型的可见性】选项组中勾选【区分线性分析模型的端点】复选框后，启动自动检查时将会在分析模型中显示端点。

2. 分析模型工具

【分析模型】面板中的分析模型工具用于修改与检查分析模型。

- 【调整】　：【调整】工具主要用来修改分析模型，即调整分析模型中的点图元、线图元、曲面图元和分析模型的位置。在图 6-4 中，通过调整点图元的位置来改变线图元的长度。

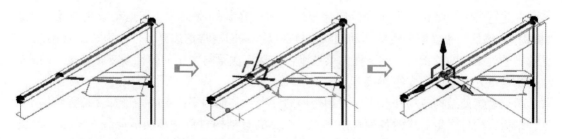

图 6-4　调整点图元

- 【重置】　：当调整分析模型中的点、线或曲面图元后，可以使用【重置】工具将分析模型恢复到默认状态。
- 【支座】　：利用【支座】工具确认结构图元（包括梁、柱、墙和楼板）已连接到支撑图元。单击【支座】按钮，弹出【Autodesk Revit 2021】警告对话框，在【警告】列表中选择一个警告，可以查看未受到支撑的图元，如图 6-5 所示。

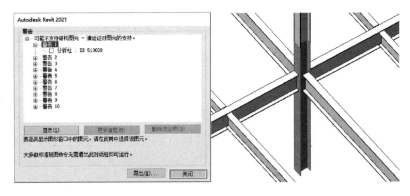

图 6-5　查看未受到支撑的图元

- 【一致性】：此工具用于验证分析模型和物理模型的一致性，即分析模型和物理模型之间的公差一致性。图 6-6 为结构梁的一致性检查结果。

图 6-6　结构梁的一致性检查结果

6.1.2　施加边界条件与荷载

在建筑工程的结构有限元分析理论中，添加边界条件就是为一组运动分析对象（或称"机构"）添加约束，限制机构运动的六个自由度。我们通常把边界条件称为"运动副"，常见的有悬挑结构的铰接、框架结构的梁柱刚性连接、次梁与主梁的弹性角支座连接、门式钢结构拐角点处的刚性角支座连接等。

荷载是指使结构或构件产生内力和变形的外力及其他因素，主要指施加在工程结构上使工程结构或构件产生效应的各种直接作用，常见的有结构自重、楼面活荷载、屋面活荷载、屋面积灰荷载、车辆荷载、吊车荷载、设备动力荷载以及风、雪、裹冰、波浪等自然荷载。

1. 边界条件

【分析模型】面板中的【边界条件】工具可以将分析节点、线图元和曲面边界条件应用到分析模型上。

单击【边界条件】按钮，弹出【修改 | 放置 边界条件】上下文选项卡，如图 6-7 所示。在【边界条件】面板中包括三种类型的边界条件：点、线和面积。

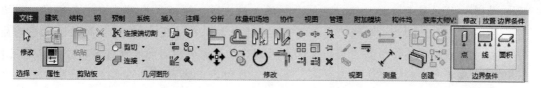

图 6-7 【修改 | 放置 边界条件】上下文选项卡

- 点 ：点边界条件主要是为梁柱结构、梁梁结构添加支撑点。可选取分析梁、结构支撑或分析柱的端点来添加点边界条件。点边界条件有四种约束状态（意思是在分析节点上可以添加四种运动副），包括固定、铰支、滑动和用户。其中，【固定】状态用立方体族符号来表示；【铰支】状态用结合体形状（由圆柱、圆锥及球体构成）的族符号来表示；【滑动】状态的族符号比【铰支】状态族符号多了 4 个小球体，表示在【铰支】状态基础之上还可以滑动；【用户】状态是可变的边界条件，也用立方体族符号来表示。图 6-8 为前面三种边界条件状态。

固定状态的族符号　　　　　　　铰支状态的族符号　　　　　　　滑动状态的族符号

图 6-8 三种点边界条件的状态

提示　　在功能区【分析】选项卡下【分析模型】面板中单击【边界条件设置】按钮 ，可在弹出的【结构设置】对话框的【边界条件设置】选项卡下进行边界条件族符号、面积符号和线符号的间距等选项设置，如图 6-9 所示。

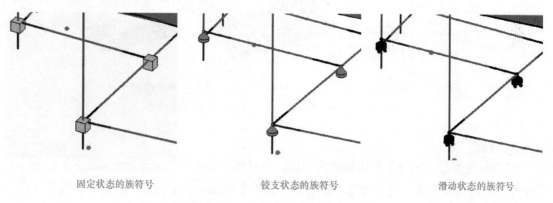

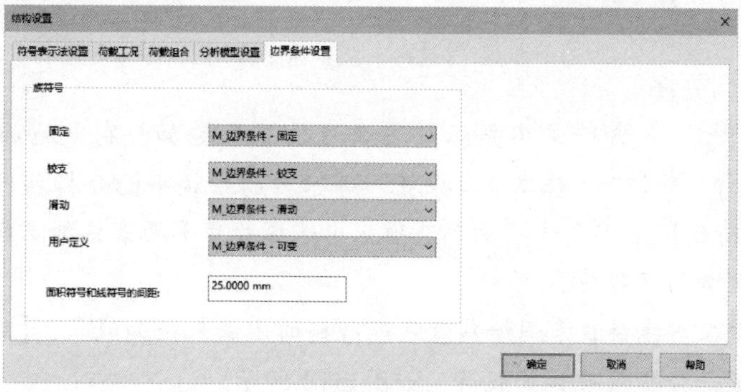

图 6-9 边界条件设置

- 线██：线边界条件类型可以选取分析梁、柱、墙、楼板或基础的边线来创建。线边界条件也有三种约束状态，包括【固定】【铰支】和【用户】。这三种约束状态的族符号与点边界条件中的同名约束状态的族符号是完全相同的。线边界条件的【固定】状态族符号在线图元上均匀分布，如图 6-10 所示。线图元上的立方体符号分布间距默认为 25mm，可通过【结构设置】对话框的【边界条件设置】选项卡来定义。

- 面积██：面积边界条件类型可选取分析楼板或分析墙体来创建。面积边界条件仅有【铰支】和【用户】两种约束状态。图 6-11 为添加面积边界条件的【铰支】状态族符号。

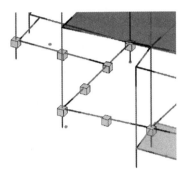

图 6-10　线边界条件的【固定】
　　　　状态族符号

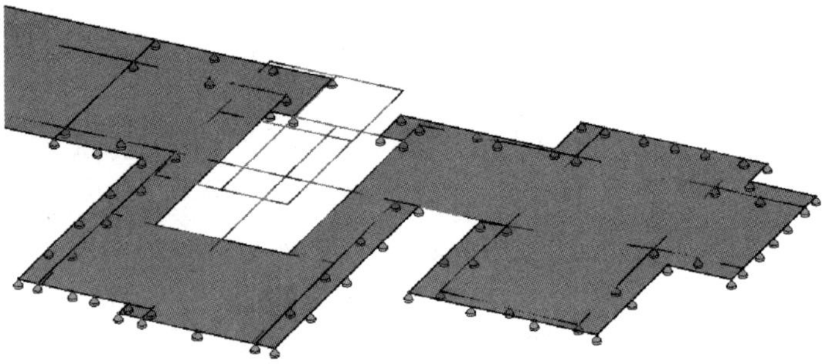

图 6-11　面积边界条件的【铰支】
　　　　状态族符号

2. 荷载

结构分析模型中的荷载与边界条件一样，也可在点图元、线图元和曲面图元上施加。在【分析模型】面板中单击【荷载】按钮，弹出【修改 | 放置 荷载】上下文选项卡，如图 6-12 所示。在【修改 | 放置 荷载】上下文选项卡下包含了六种荷载类型，具体介绍如下。

图 6-12　【修改 | 放置 荷载】上下文选项卡

- 点荷载：点载荷采用光标点击放置位置来施加载荷。施加点载荷前，要切换到"标高 1 - 分析""标高 2 - 分析"等这样的结构平面分析视图中。也可在【修改 | 放置 荷载】上下文选项卡下选项栏中选择放置平面来施加点载荷。图 6-13 为在分析梁上施加的点载荷。

- 线荷载：线荷载采用绘制直线或线链的方法来施加载荷，【线荷载】工具主要针对分析梁和分析柱来施加载荷，如图 6-14 所示。

- 面荷载：【面载荷】工具主要针对分析墙体和分析楼板等曲面图元来施加载荷，利用曲线工具绘制一个封面图形即可，如图 6-15 所示。

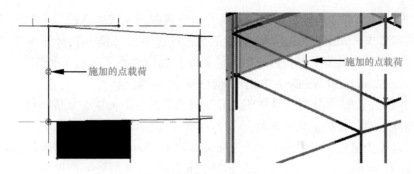

图 6-13　放置点来施加点载荷

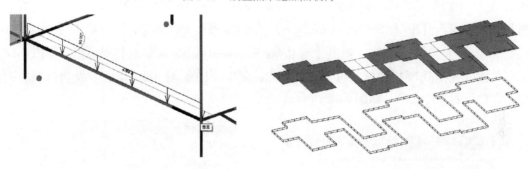

图 6-14　绘制直线来施加线载荷　　　　图 6-15　绘制封闭区域来施加面载荷

- **主体点荷载**：此工具依靠选取分析梁、结构支撑或分析柱的端点来施加点载荷，而不是随意放置点载荷。
- **主体线荷载**：此工具依靠选取分析墙体、分析楼板、分析基础边或分析梁、柱或结构支撑等图元来施加线载荷。
- **主体面荷载**：此工具依靠选取分析楼板和分析墙体来施加载荷。

3. 载荷工况设置

在【分析模型】面板中单击【荷载工况】按钮，弹出【结构设置】对话框。在【荷载工况】选项卡下可以设置用于分析模型的荷载工况和荷载性质，如图 6-16 所示。

图 6-16　【结构设置】对话框中的【荷载工况】选项卡

【荷载工况】选项卡下的荷载工况与荷载性质设置都是系统默认的，当然也符合实际结构工程中的基本要求。如果要添加新的荷载工况，可以单击【添加】按钮来添加。如果实际工程中无须这么多的载荷工况，可以单击【删除】按钮将不需要的工况删除。

4. 与 Robot Structural Analysis 2021 结构分析软件的链接

由于 Revit 2021 的结构分析工具只能进行基础的静态分析和重力分析，对于建筑结构中的线性与非线性的动态分析、某些构件的受力计算及配筋设计等高级分析工作，Revit 2021 的结构分析工具无法完成，需要使用 Robot Structural Analysis 2021 结构分析软件来完成。

Revit 2021 和 Robot Structural Analysis 2021 之间的分析模型数据是可以相互交换的，在 Revit 2021 中需要将分析模型数据传输给 Robot Structural Analysis 2021 时，可以在【结构分析】面板中单击【Robot Structural Analysis】按钮 展开命令菜单，然后单击【Robot Structural Analysis 链接】按钮 ，弹出【与 Robot Structural Analysis 集成】对话框，如图 6-17 所示。单击【发送选项】按钮，可打开【与 Robot Structural Analysis 集成 – 发送选项】对话框，在此设置发送选项，如图 6-18 所示。

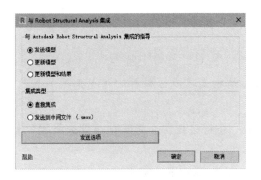

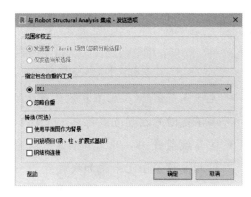

图 6-17 【与 Robot Structural Analysis 集成】对话框　　图 6-18 【与 Robot Structural Analysis 集成 – 发送选项】对话框

设置分析模型数据选项和发送选项后，单击【确定】按钮，即可将分析模型数据实时传输到 Robot Structural Analysis 2021 结构分析软件窗口中，如图 6-19 所示。

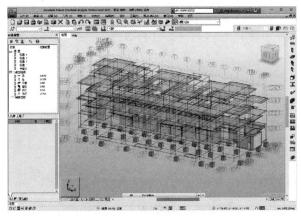

图 6-19 传输到 Robot Structural Analysis 2021 软件的模型数据

6.2　Robot Structural Analysis 2021 软件概述

Robot Structural Analysis 2021 结构分析软件是用于建模分析以及各种结构分析的单一集成软件。该软件帮助用户进行结构设计（或导入 Revit 结构模型）、运行结构分析、检验获得的分析结构，并可执行相关的建筑规范以检验结构构件的计算，为已设计和计算的结构建立文档。

6.2.1　软件下载

Robot Structural Analysis 2021 软件可在欧特克中文官网（https：//www.autodesk.com.cn/）的"免费试用"页面中下载试用，如图 6-20 所示。

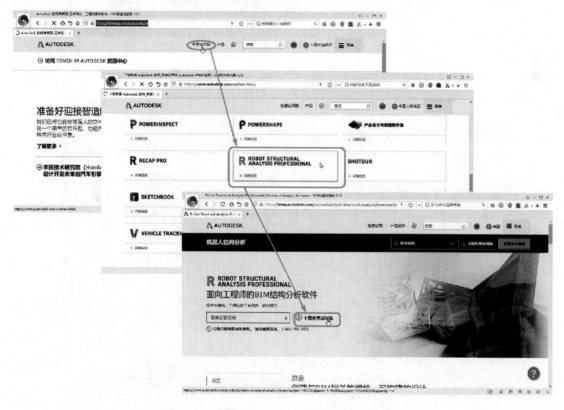

图 6-20　下载 Robot Structural Analysis 2021 软件

6.2.2　模块组成

Robot Structural Analysis 2021 拥有许多功能模块。在桌面上双击【Autodesk Robot Structural Analysis Professional 2021】图标 R 打开主页界面，如图 6-21 所示。

在主页界面中的【新建工程】组中，可以选择四种常用模块并进入项目分析环境中。若要选择更多的功能模块，则单击【新建】按钮，弹出【选择项目】对话框，如图 6-22 所示。

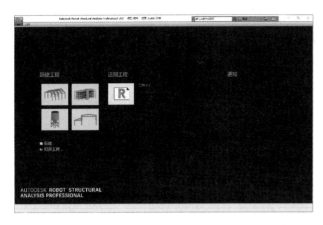

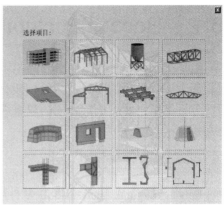

图 6-21 Robot Structural Analysis 2021 主页界面 图 6-22 【选择项目】对话框

在【选择项目】对话框中选择一个项目（即功能模块）进入项目分析环境。如果要创建新的项目，则在菜单栏中执行【文件】|【关闭项目】命令，关闭当前项目，然后返回到主页界面中，重新创建工程并选择其他项目，进入到项目分析环境中。图 6-23 为"建筑设计"项目分析环境（实为建筑混凝土结构分析环境）。

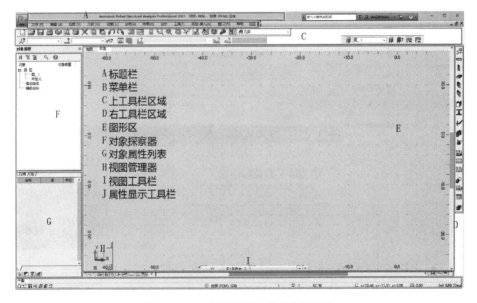

图 6-23 "建筑设计"项目分析环境

6.2.3 软件基本操作

掌握软件的基本操作是学习软件应用的重要第一步，鉴于本章篇幅的限制，这里仅介绍一些常规操作，如模型视图操作、视图平面与坐标系的控制、页面布置、软件环境配置等。

1. 操控模型视图

首先介绍视图的键鼠基本操作，包括旋转视图、平移视图和缩放视图。

- 旋转视图：按住 Shift + 中键，基于坐标系原点旋转视图。

- 平移视图：按住中键移动光标平移视图。
- 旋转视图：按住 Ctrl + 中键，基于坐标系原点缩放视图。滚动鼠标滚轮可基于光标位置点缩放视图。

除了键鼠操作视图之外，还可以在上工具栏区域的【标准】工具栏中单击【视图】按钮，弹出【视图】工具栏，在【视图】工具栏中调用视图工具来操作视图，如图 6-24 所示。或者在菜单栏中执行【视图】菜单中的命令来操作视图，如图 6-25 所示。

图 6-24　【视图】工具栏中的视图工具　　　　图 6-25　【视图】菜单中的命令

2. 视图平面（工作平面）与坐标系的控制

Robot Structural Analysis 2021 是一款结合结构设计和结构分析的软件系统，因此该软件系统中也有视图平面和坐标系。与 Revit 类似，Robot Structural Analysis 也有 2D 平面视图和 3D 视图，每一个视图平面都是工作平面。

视图状态的快速切换开关位于图形区正下方的视图工具栏中，如图 6-26 所示。

当需要在 3D 视图中拾取一个标准平面来创建图元时，可以单击【YZ 3D】【XY 3D】或【XZ 3D】开关按钮切换到 3D 视图，在 3D 视图中会显示 YZ、XY 或 XZ 视图平面，如图 6-27 所示。若需要在 2D 视图平面中创建图元，则单击【YZ】【XY】或【XZ】开关按钮切换到 2D 视图平面，如图 6-28 所示。

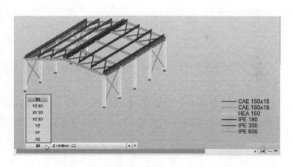

图 6-26　视图状态的快速切换开关

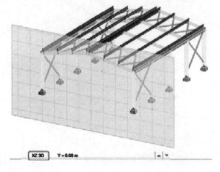

图 6-27　切换到 3D 视图

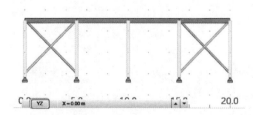

图 6-28　切换到 2D 视图

在视图工具栏中单击【向前】微调按钮 ▲ 或【向后】微调按钮 ▼，可以微调视图平面（工作平面）在法线方向上的平移距离，即基于轴向的高度控制。默认情况下，单击一次微调按钮只能调整 1mm 的距离。若要自定义视图平移距离，可以采取如下两种方式。

1）在图形区左下角单击【视图管理器】图标 ，弹出【视图】工具栏（或称【视图】管理器面板）。通过【视图】管理器面板中的视图平面定义与操作工具来选择视图平面或者定义新的视图平面，如图 6-29 所示。

<table>
<tr><td>提示</td><td>这里的【视图】工具栏与前面介绍的【视图】工具栏不是同一工具栏。这里的【视图】工具栏主要用于视图平面（工作平面）的定义和选择。为了与前面的【视图】工具栏有所区分，暂将此处的【视图】工具栏称作【视图】管理器面板。</td></tr>
</table>

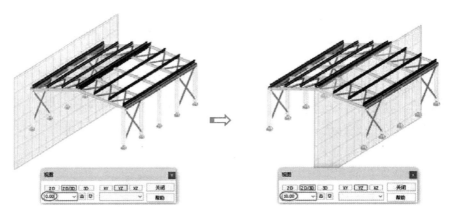

图 6-29　定义新的视图平面

2）在菜单栏中执行【3D 下工作】|【整体工作面】命令，弹出【工作面】对话框。在【坐标】选项组中设置 X 轴向上的坐标值，即可确定新的视图平面，如图 6-30 所示。

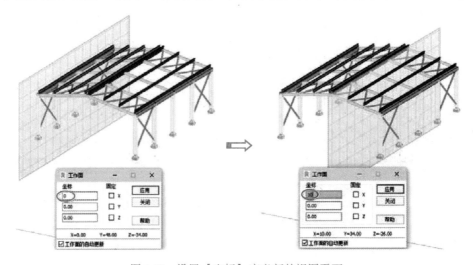

图 6-30　设置【坐标】定义新的视图平面

3. 对象的选择

对象的选择方法包括单选、多选和快速精确选择三种。

（1）单选

单选是最常见的选择模式。在图形区中将光标放置于所选对象上，然后单击鼠标即可选中该对象。

（2）多选

多选分为连续选择、框选和窗交选择三种选择方法。

- 连续选择：按住 Shift 键（或 Ctrl 键）的同时，逐一地选择对象，依次将对象收集到选择器中。
- 框选：这种方式适合一次性选取多个对象，但仅仅选中完全包容在矩形框（从左往右绘制矩形框）内的对象，与矩形框相交的对象不会被选中。
- 窗交选择：窗交选择是从右往左绘制矩形框，凡是包容在矩形框内和与矩形框相交的对象都会被选中。

（3）快速精确选择

快速精确选择对象的命令位于菜单栏的【编辑】菜单中，如图 6-31 所示。

- 挑选：【挑选】命令从结构分析模型中通过结构单元的属性过滤器、名字与颜色过滤器和几何过滤器来精确选择同属性、同名字、同颜色或同几何定义的多个对象。在【编辑】菜单中执行【挑选】命令，弹出【选择】对话框，如图 6-32 所示。【选择】对话框中的【节点】【杆件】【工况】(在【杆】下拉列表中) 等选择模式，可直接通过单击上工具栏中【节点选择】按钮、【杆件选择】按钮、【选择的工况】按钮来开启。在上工具栏区域的【选择】工具栏中单击【选择类型】按钮，也可快速打开【选择】对话框。
- 选择所有：【选择所有】命令可快速选择图形区中的所有对象，也可按下快速键 Ctrl＋A 来执行该命令。
- 前一选择：执行此命令，可以快速选中上一次选择的对象。
- 选择特殊：【选择特殊】子菜单中的选择命令可通过指定特定对象的过滤器来精准选择对象。也可在上工具栏区域的【选择】工具栏中单击【特别的选择】按钮调出【特别的选择】工具栏来执行相关的选择命令，如图 6-33 所示。

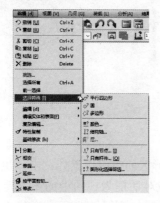

图 6-31　快速精确选择对象的命令菜单

图 6-32　【选择】对话框

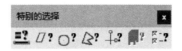

图 6-33 【特别的选择】工具栏

4. 捕捉设置

在图形区中绘制 2D 图元或 3D 图元时，需要捕捉一些点、线、面、栅格等来辅助完成建模。在软件窗口底部的快速启动工具栏中单击【捕捉设置】按钮，弹出【捕捉设置】对话框，通过此对话框勾选或取消勾选捕捉选项，可以启用或关闭捕捉功能，如图 6-34 所示。

5. 首选项设置

首选项设置主要是设置系统的常规选项，包括语言设置、普通参数设置、视图参数设置、桌面设置、工具栏 & 菜单设置、输出参数设置及高级设置等。在菜单栏中执行【工具】|【首选项】命令，弹出【首选项】对话框，如图 6-35 所示。

图 6-34 【捕捉设置】对话框

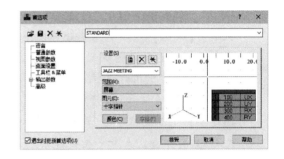

图 6-35 【首选项】对话框

6. 视图与对象的显示状态控制

Robot Structural Analysis 提供了三种视图的默认显示状态：线框显示、着色显示和消隐显示。可单击快速启动工具栏中的【线框】按钮、【着色】按钮和【消隐】按钮来切换显示状态，如图 6-36 所示。

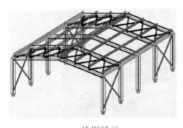

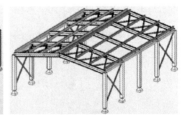

线框显示   着色显示   消隐显示

图 6-36 三种视图的显示状态

在菜单栏中执行【视图】|【显示】命令，或者在图形区的空白位置处右击，执行右键菜单中的【显示】命令，可打开【显示】对话框。通过该对话框为视图中的图元定义属性信息的显示或隐藏，在对话框的【名称】列表中勾选或取消勾选属性选项，单击【应用】按

钮后，对象的属性将显示（或隐藏）在视图中，如图 6-37 所示。

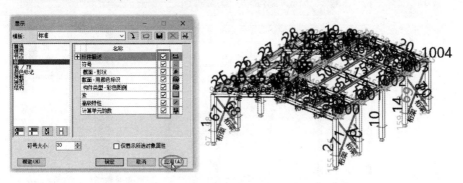

图 6-37　对象属性的显示与隐藏控制

7. 视图的布局与添加

默认情况下，Robot Structural Analysis 项目分析环境的图形区窗口中只有一个视图，这个视图称之为"几何"视图，如图 6-38 所示。

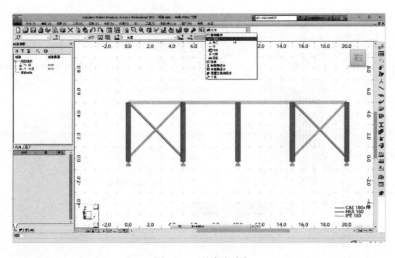

图 6-38　几何视图

在上工具栏区域的【标准】工具栏中有一个视图布局下拉列表，通过选择这个视图布局列表中的布局类型，可进行多样化视图的布局。例如，选择【节点】布局后，图形区窗口中会同时显示最初的【几何】视图窗口和【节点】视图窗口，以及用于创建节点的【节点】对话框，如图 6-39 所示。多个视图有利于结合分析结果查看问题并及时解决问题。

> **提示**　　这种视图布局方式是在原有的默认【视图】视图基础之上增加新的视图。

视图布局下拉列表中的视图布局类型是常用的视图组合，要想添加更多的视图，可在菜单栏中执行【窗口】|【添加视图】命令，弹出【添加视图】的子菜单，如图 6-40 所示。从【添加视图】的子菜单中选择任一个视图，即可在窗口中插入该视图。可以添加多个视图，添加的视图会在图形区窗口底部以选项卡的形式列出。

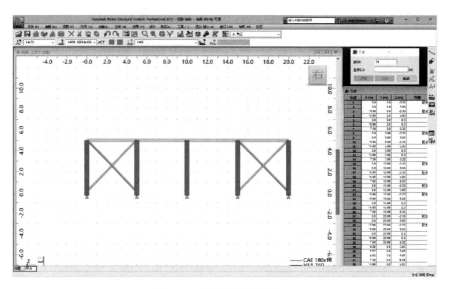

图 6-39　【节点】视图布局

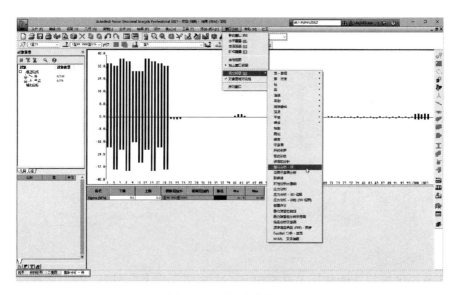

图 6-40　添加多个视图

6.3　Robot Structural Analysis 2021 结构分析案例

Robot Structural Analysis 2021 的结构建模功能和结构分析功能十分强大，鉴于篇幅限制，此处不能一一介绍结构建模工具和结构分析工具，下面仅以三个常见的结构分析案例，详解 Robot Structural Analysis 2021 的结构建模和结构分析的操作流程。

6.3.1　混凝土结构模型的创建与抗震分析

为了简化建模的烦琐程序，本节以一幢三层结构的小学教学楼为例，介绍结构建模过程与建筑抗震分析的全流程。

> **提示**　　　结构建模时可打开本例源文件夹中的"教学楼建筑与结构施工图.dwg"作为参考。

1. 创建轴网和标高

Robot Structural Analysis 2021 的轴网和标高设计工具位于右工具栏区域的【结构模型】工具栏中。下面将在 X、Y 和 Z 轴向上定义数字编号轴线、字母编号轴线及楼层标高。

> **提示**　　　在 Z 轴上定义"楼层"实际上定义的是工作平面。

01　启动 Robot Structural Analysis 2021 软件，在主页界面的【新建工程】组中单击【建筑设计】图标，随即进入混凝土结构项目分析环境。

02　在菜单栏中执行【工具】|【工作首选项选择】命令，在弹出的【工程首选项】对话框中设置【单位和格式】选项组中的【尺寸】选项和【其他】选项，如图 6-41 所示。其余选项保留默认设置，单击【确定】按钮完成工程首选项的设置。

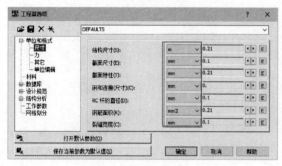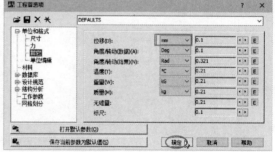

图 6-41　设置单位和格式

03　在右工具栏区域的【结构模型】工具栏中单击【轴定义】按钮，弹出【结构轴】对话框。在对话框中保留选项设置，单击【添加】按钮，添加第一条数字轴线，接着在【X】选项卡下【位置】文本框中输入 4，单击【添加】按钮，添加第二条数字轴线，以此类推，依次输入数字 7.3、11.8、16.3、20、24.5、28.3、32.8 和 37.3 等数字，完成其余数字轴线的添加，如图 6-42 所示。

04　切换到【Y】选项卡下，在【数】下拉列表中选择【A B C……】选项。然后按照创建数字轴线的方法，依次输入位置参数 0、2.2 和 9.4，完成字母编号轴线的添加，如图 6-43 所示。

05　切换到【Z】选项卡下，取消勾选【层】复选框，然后依次输入 −1.2、0、3.6、7.2、10.8 等数字并多次单击【添加】按钮来创建标高楼层，设置完成后，单击【应用】按钮自动创建轴网和标高，最后单击【关闭】按钮关闭【结构轴】对话框。在图形区的左上角单击【视图】选项卡标签切换到 3D 视图，查看轴网与标高的三维效果，如图 6-44 所示。

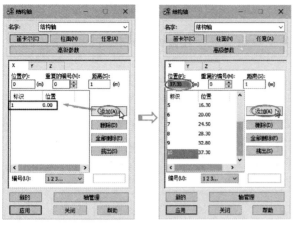

图 6-42　添加数字编号轴线　　　　　　　图 6-43　添加字母编号轴线

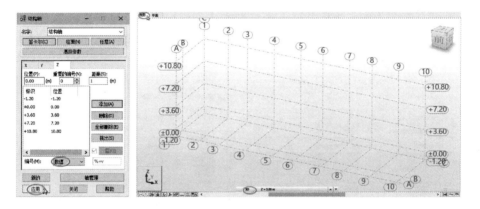

图 6-44　定义 Z 轴向标高参数并完成轴网和标高的创建

提示	在 2D 平面视图和 3D 视图之间相互切换时，除了单击图形区左上角的选项卡标签外，还可在图形区底部的视图工具栏中单击 3D 视图按钮来切换。【平面】选项卡下的视图状态默认为 XY 平面视图。为了能直观地表达建模效果，后续的工作将主要在 3D 视图中进行。

2. 创建结构柱、梁及楼板

创建结构分析图元时，要确保杆件截面库中有所需的截面形状，如果没有，则需要用户自行创建并添加。

01　在右工具栏区域的【结构模型】工具栏中单击【杆件截面】按钮 **I**，弹出【截面】对话框。在截面列表中双击【B 30×50】梁截面型号（或者先选中截面型号再单击【新的截面定义】按钮），弹出【新截面】对话框。在该对话框中设置新截面参数，单击【添加】按钮完成新梁截面的定义，如图 6-45 所示。

02　单击【关闭】按钮返回【截面】对话框。在截面列表中双击【C 45×45】柱截面型号，在弹出的【新截面】对话框中设置新截面参数，单击【添加】按钮完成新柱截面的定义，如图 6-46 所示。最后关闭【截面】对话框。

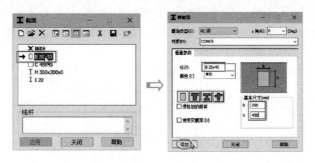

图 6-45　定义新的梁截面

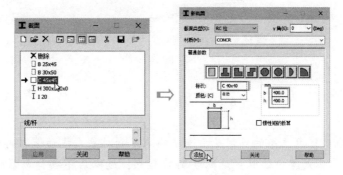

图 6-46　定义新的柱截面

03　在右工具栏区域的【结构模型】工具栏中单击【结构定义】按钮，调出【结构定义】工具栏，如图 6-47 所示。将此工具栏放置在右工具栏区域。

图 6-47　调出【结构定义】工具栏

04　在【结构定义】工具栏中单击【杆】按钮，弹出【杆】对话框。在该对话框中选择【RC 柱】杆件类型和【C 40×40】截面，然后在数字编号轴线上从"−1.20"楼层到"±0.00"楼层绘制杆件（柱）图元。在图形区底部的属性显示工具栏中单击【截面形状】按钮，可显示柱截面形状，如图 6-48 所示。

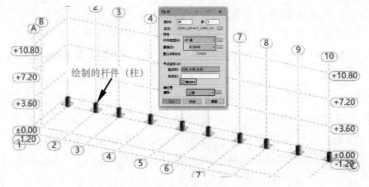

图 6-48　绘制杆件（柱）图元

05 在【杆】对话框未关闭的情况下，选择【RC 梁】杆件类型和【B 25×45】截面，勾选【拖动】复选框，在【偏移】下拉列表中选择【上缘】选项，然后依次拖动选取"±0.00"楼层与 a~j 数字编号轴线的交点来绘制杆件（梁）图元，如图 6-49 所示。

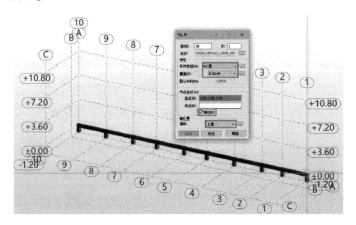

图 6-49　绘制杆件（梁）图元

提示	【拖动】复选框的作用是快速精确地复制对象。拖动选取的操作方法：先按住鼠标（不是单击选取）选取复制的起点，选取后不要释放鼠标键，依次滑动光标到第二点、第三点……直到复制的最后一个点。

06 关闭【杆】对话框。在上工具栏区域的【标准】工具栏中单击【编辑】按钮，调出【编辑】工具栏，如图 6-50 所示。将【编辑】工具栏也放置在上工具栏区域。

图 6-50　【编辑】工具栏

07 在 3D 视图中窗交选取或框选所有杆件（梁和柱）图元，然后单击【编辑】工具栏中的【移动/复制】按钮，弹出【平移】对话框。在该对话框中勾选【拖动】复选框，其他选项保留默认设置，接着在 3D 视图状态的图形区中捕捉杆件（柱）图元在 C 轴线的位置点（仅在"某一个"数字编号轴线上拾取即可，这里以 g 轴线为例）为复制起点，再依次拖动选取 g 轴线与 B 轴线和 A 轴线的交点来放置副本，如图 6-51 所示。

08 复制的副本中有些图元是不需要的，需要将其删除。在视图工具栏中选择【Z = −1.2m】层选项，然后切换到 XY 视图平面。框选 XY 视图平面中所有图元，按下键盘上的 Delete 键进行删除，切换到 3D 视图查看结果，如图 6-52 所示。

09 在 3D 视图中选取数字编号轴线上的所有杆件（梁）图元，然后单击【移动/复制】按钮，弹出【平移】对话框。在该对话框中单击【移动】单选按钮，如图 6-53 所示。

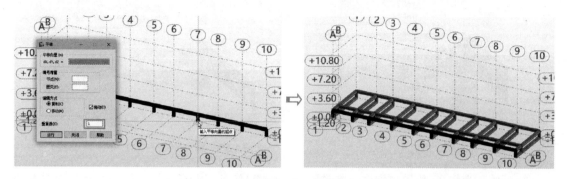

图 6-51　平移复制杆件（梁和柱）图元

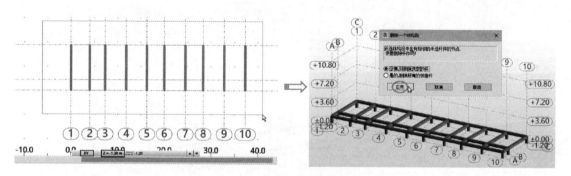

图 6-52　删除多余的图元

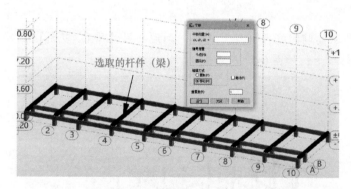

图 6-53　选取要平移的梁图元

10　激活【平移向量（m）】选项组中的【dx, dy, dz】文本框（此类文本框不但可以直接输入参数，也是坐标参数的信息收集器），使文本框的颜色由白色变为浅绿色，然后拾取平移的起点，如图 6-54 所示。

11　拾取平移的起点后，返回【平移】对话框的【dx, dy, dz】文本框中，输入平移终点坐标值（0, 0, −0.225），并单击【运行】按钮完成平移操作，如图 6-55 所示。

提示　　　　【dx, dy, dz】分别表示在 x 轴、y 轴和 z 轴上的平移距离。

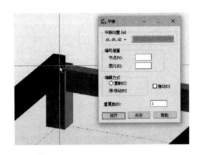

图 6-54　拾取平移起点

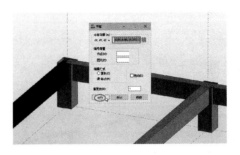

图 6-55　输入平移终点值并执行平移操作

12 按照步骤 04 的操作方式，在"Z=0.00m"层与"Z=3.6m"层之间绘制如图 6-56 所示的杆件（柱）图元。

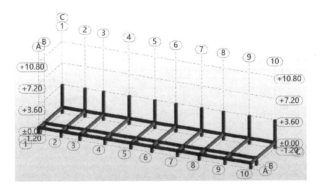

图 6-56　绘制杆件（柱）图元

13 选取上步骤绘制的杆件（柱）图元，然后利用【平移/复制】工具将其复制到 B 轴线和 A 轴线上，如图 6-57 所示。

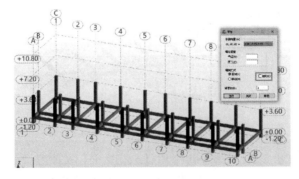

图 6-57　复制杆件（柱）图元

14 选取所有杆件（梁）图元，利用【平移/复制】工具将其复制到"Z=3.6m"楼层中，如图 6-58 所示。

> **提示**　　快速选取同类型梁图元的方法：右击某条梁，在弹出的右键快捷菜单中执行【选择相似的】|【通过杆件类型选择】命令，所有杆件图元即被选中。

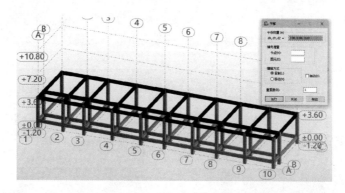

图 6-58　复制杆件（梁）图元

15 在【结构建模】工具栏中单击【楼面板】按钮 ，弹出【板】对话框。在该对话框的【定义方法】选项组中单击【矩形】单选按钮，然后在图形区中选取 3 个点来创建楼板图元，如图 6-59 所示。

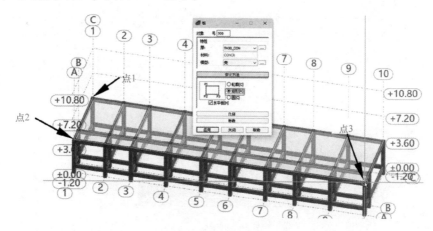

图 6-59　创建楼板图元

16 选取 "Z = 0.00m" 层与 "Z = 3.6m" 层之间的所有杆件（梁、柱）图元和楼板图元，利用【平移/复制】工具将其复制到 "Z = 7.2m" 楼层和 "Z = 10.08m" 楼层中，结果如图 6-60 所示。

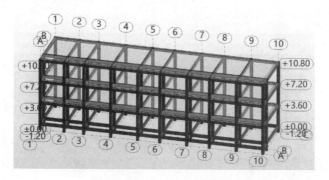

图 6-60　复制杆件（柱、梁）图元和楼板图元到其余楼层中

17 切换到 "Z＝10.8m" 楼层平面视图中，双击楼板，使楼板处于编辑状态。在 C 轴线与 j 轴线的交点附近单击鼠标以激活楼板边界点（为 C 轴线与 j 轴线的交点上的楼板边界点），然后将楼板边界点重新放置于 C 轴线与 h 轴线的交点上，如图 6-61 所示。

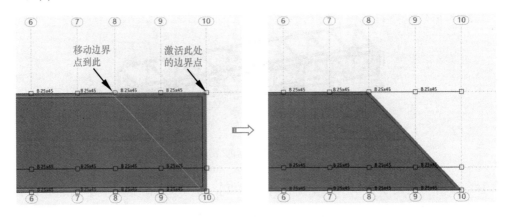

图 6-61　修改楼板边界点的位置

18 同理，修改 A 轴线、j 轴线的交点上的楼板边界点到 h 轴线上，修改完成的楼板结果如图 6-62 所示。

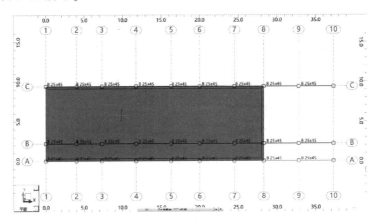

图 6-62　修改楼板边界点的结果

19 切换到 3D 视图。将 "Z＝7.2m" 层到 "Z＝10.80m" 层之间的多余梁、柱图元删除，结果如图 6-63 所示。

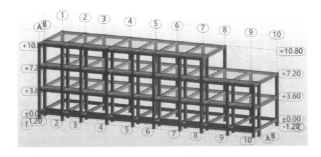

图 6-63　删除多余图元

20 修改楼板的厚度，默认的楼板厚度为 300mm，需要修改为 150mm。在【结构建模】工具栏中单击【楼面板】按钮 ⬛，弹出【板】对话框。在【特性】选项组中【厚】选项的右侧单击【浏览】按钮 ⬚，弹出【新的厚】对话框。

21 在【新的厚】对话框中设置【标识】为【TH15_CON】，并输入【Th】的值为 150mm，单击【添加】按钮完成楼板新厚度的创建，如图 6-64 所示。单击【板】对话框中的【关闭】按钮关闭该对话框。

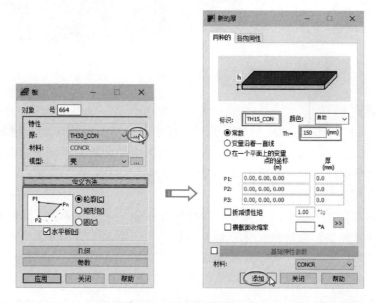

图 6-64　创建楼板的新厚度

22 在 3D 视图中全选所有楼板，在图形区窗口左侧的对象属性列表中选择新的厚度标识【TH15_CON】，随后系统将新厚度应用到所选的楼板中，如图 6-65 所示。同理，若有需要，可对其他结构图元进行属性的修改。

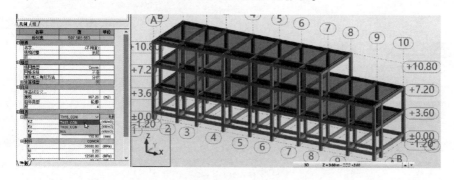

图 6-65　选择新厚度应用到楼板中

23 为方便管理结构图元，可创建结构层（性质与"图层"类似）。在【结构定义】工具栏中单击【结构层】按钮 ⬛，弹出【层】对话框。输入【基础标高】的值为 −1.2m 并单击【设置】按钮进行确认。然后单击【手动定义】单选按钮，依次创建结构层，如图 6-66 所示。

 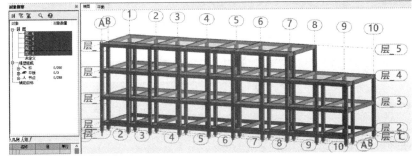

图 6-66　定义结构层

3. 结构分析

Robot Structural Analysis 2021 的分析类型包括模态分析、地震工况自定义的模态分析、地震分析、谱分析、谱响应分析、时程分析、静力弹塑性分析、频域响应分析和落足（跌落）分析等。这里仅介绍第一种模态分析的操作步骤。

（1）设置分析类型

01　在【标准】工具栏中单击【分析参数】按钮📇，弹出【分析类型】对话框。

02　在【分析类型】对话框的【分析类型】选项卡下单击【新建】按钮，弹出【新的工况定义】对话框，保留默认设置，单击【确定】按钮，完成分析类型的创建，如图 6-67 所示。

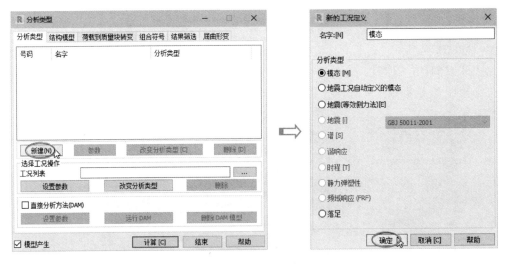

图 6-67　新建分析类型

03　在弹出的【模态分析参数】对话框中单击【一致】单选按钮，其他选项保留默认设置，单击【确定】按钮，如图 6-68 所示。

04　在【分析类型】对话框中单击【改变分析类型】按钮，弹出【分析类型变化】对话框。单击【考虑静力的模态分析】单选选项，然后关闭该对话框，如图 6-69 所示。关闭【分析类型】对话框。

图 6-68　设置模态分析参数

图 6-69　改变分析类型

（2）添加约束（施加边界条件）

01 在 3D 视图中的图形区右上角单击 ViewCube 的【前视图】图标，切换到前视图，如图 6-70 所示。

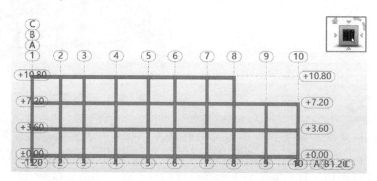

图 6-70　切换到前视图

02 在图形区左下角的属性显示工具栏中单击【截面形状】按钮 ，以取消截面形状的显示。

03 框选"Z = −1.2m"层中的所有节点（共 30 个节点），然后在对象属性列表中选择【固定】约束，系统会自动将支撑符号添加到所选的节点上，如图 6-71 所示。可在图形区左下角的属性显示工具栏中单击【支撑符号】按钮 来控制支撑符号的显示与隐藏。

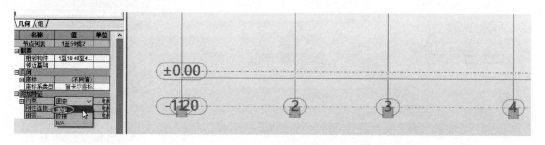

图 6-71　选择【固定】约束添加支撑符号

（3）施加荷载

01 在【结构模型】工具栏中单击【荷载类型】按钮 ▦，弹出【荷载类型】对话框。在该对话框的【性质】列表中选择【活】选项，单击【添加】按钮完成荷载类型的添加，如图 6-72 所示。

> **提示**　　在【荷载类型】对话框的【定义的工况列表】中已经存在一个名为"模态"的工况，这是在前面定义结构分析类型时创建模态分析后自动创建的工况，在施加荷载时可以使用这个【模态】工况，也可以重新创建【恒】荷载。

02 定义荷载类型后，为梁图元和柱图元施加荷载。在上工具栏区域的【选择】工具栏中选择【1：模态】工况，然后在图形区中选取所有的柱图元，如图 6-73 所示。

图 6-72　添加载荷类型

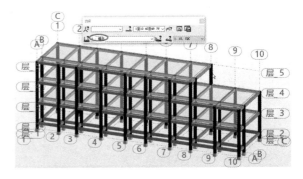

图 6-73　选取要添加荷载的柱图元

03 在【结构建模】工具栏中单击【荷载定义】按钮 ▦，弹出【荷载定义】对话框。在该对话框的【自重和质量】选项卡下单击【整个的结构自重 – PZ】按钮，然后单击【应用】按钮，将荷载施加到所选的柱图元，如图 6-74 所示。

04 在图形区中选取所有的梁图元，单击【荷载定义】按钮 ▦，弹出【荷载定义】对话框。在该对话框的【杆】选项卡下单击【均布荷载】按钮 ▦，如图 6-75 所示。

05 在弹出的【均布荷载】对话框中设置荷载参数，设置后单击【添加】按钮，如图 6-76 所示。

图 6-74　选择自重荷载

图 6-75　选择均布荷载

图 6-76　定义均布荷载参数

06 单击【荷载定义】对话框的【应用】按钮，将均布荷载施加到所选的梁图元中，如图 6-77 所示。

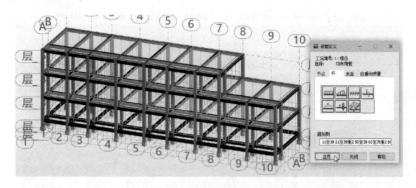

图 6-77　施加均布荷载到梁图元

07 对梁图元施加荷载后，默认情况下是不显示荷载符号的，在图形区左下角的属性显示工具栏中单击【荷载符号】按钮，可显示荷载符号，如图 6-78 所示。

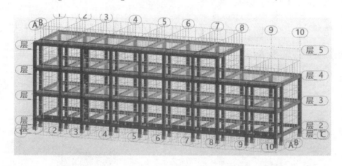

图 6-78　显示荷载符号

08 在【选择】工具栏的工况列表中选择【2：LL1】工况，然后在图形区中选取所有的楼板图元。

09 在【结构建模】工具栏中单击【板】按钮，弹出【板】对话框。单击【特性】选项组【模型】选项右侧的【浏览】按钮，在弹出的【板计算模型】对话框中设置计算选项，完成后单击【添加】按钮，如图 6-79 所示。

图 6-79　修改板计算模型选项

10　右击所选的楼板，在弹出的右键菜单中执行【对象特性】命令，单击【网格选项】对话框中的【OK】按钮，接着在打开的【板】对话框中重新选择【壳 1】模型选项，单击【应用】按钮，将修改应用到所选楼板，如图 6-80 所示。

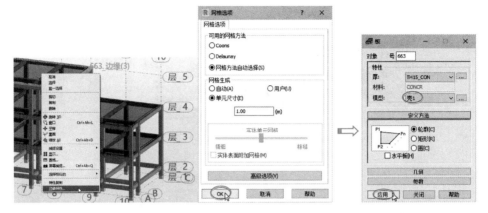

图 6-80　修改对象特性

11　在【结构建模】工具栏中单击【荷载定义】按钮，弹出【荷载定义】对话框，在【表面】选项卡下单击【均匀平面荷载】按钮，弹出【均布平面荷载】对话框，在该对话框中设置荷载参数，设置完成后单击【添加】按钮，如图 6-81 所示。

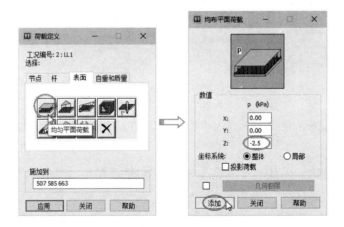

图 6-81　定义均布平面荷载参数

> **提示**　均匀平面荷载就是均布平面荷载，这两个对话框中的名称不一致，是此软件界面语言中文汉化时出现的问题。Robot Structural Analysis 2021 软件中有很多工具按钮的名称和该工具的操作对话框名称不一致，均是这个缘故。

12　单击【荷载定义】对话框中的【应用】按钮，将定义的荷载施加给所选的楼板图元中，如图 6-82 所示。

13　在【荷载定义】对话框的【自重和质量】选项卡下单击【整个的结构自重 – PZ】按钮，单击【应用】按钮，将荷载施加给楼板图元，如图 6-83 所示。

图 6-82　施加均匀平面荷载给楼板图元

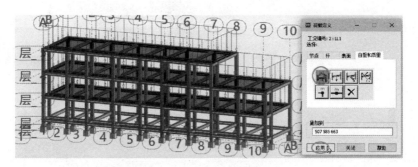

图 6-83　施加【整个的结构自重－PZ】荷载给楼板图元

14　在【标准】工具栏中单击【计算】按钮，弹出【Autodesk Robot Structural Analysis Professional－计算】对话框，同时自动进行结构分析，结果如图 6-84 所示。

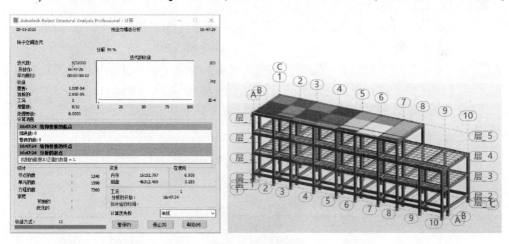

图 6-84　结构分析

4. 查看分析结果

结构分析结束后，可以在菜单栏中的【结果】菜单中执行相关的菜单命令来查看分析结果。下面查看结构分析的彩图。

01　执行【结果】菜单中的【彩图】命令，弹出【彩图】对话框。

02　在对话框中勾选应力－s 的分析结果，可以结合彩图查看应力分布情况，单击【应用】按钮，查看结果如图 6-85 所示。

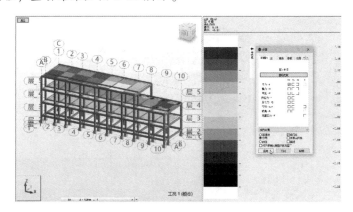

图 6-85　查看应力分布结果

03 其他分析结果也按此操作方法进行查看，此处不再一一介绍。

> **提示**　对于从 Revit 中链接过来的混凝土建筑结构模型，只需要施加边界条件与荷载，即可完成结构分析。

6.3.2　钢结构模型的创建与结构分析

钢结构模型的创建与建筑结构模型的创建有所不同，可以利用系统中的框架库进行参数定义，操作过程非常简便。

01 在 Robot Structural Analysis 2021 主页界面中单击【框架 3D 设计】图标，进入钢结构分析环境。

02 在菜单栏中执行【添加 – 插入】|【框架生成器】命令，弹出【框架生成器】对话框。

03 在【项目】选项页面中设置构件材料，如图 6-86 所示。

图 6-86　设置构件材料

04 在【几何】项目的选项面板中勾选【开间对称】复选框，其余选项保留默认设置，如图 6-87 所示。

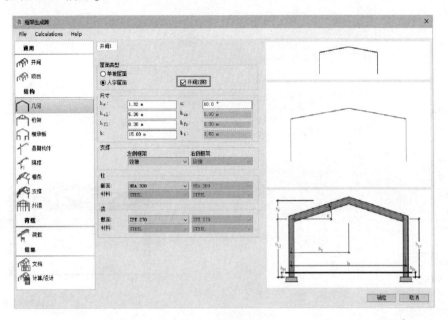

图 6-87　设置几何参数

05 在【桁架】项目的选项页面中选择桁架类型，如图 6-88 所示。

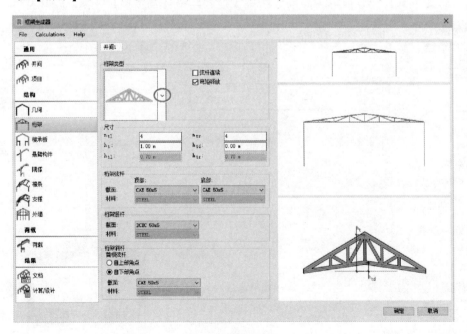

图 6-88　选择桁架类型

06 在【外墙】项目的选项页面中选择【开间 1】和【开间 2】的外墙类型（均为相同结构的外墙类型），如图 6-89 所示。

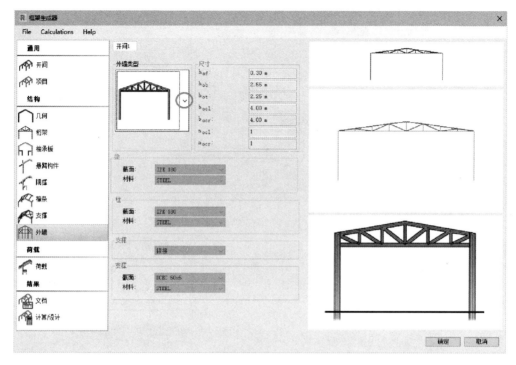

图 6-89　选择外墙类型

07　在【荷载】项目的选项页面中设置【恒载】与【活荷载】参数，如图 6-90 所示。

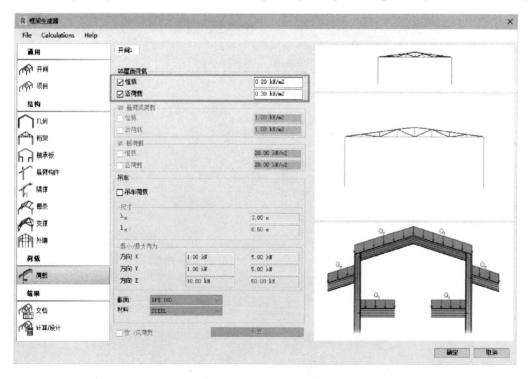

图 6-90　设置荷载参数

08 设置完成后单击【框架生成器】对话框中的【确定】按钮，系统自动创建钢结构
模型，并自动完成对钢结构的结构分析，如图 6-91 所示。

图 6-91 自动生成的钢结构

09 查看钢结构分析结果。在菜单栏中执行【结果】|【杆件的彩图】命令，打开【在杆
上的彩图】对话框。勾选【扭转应力 – T】复选框和【结构变形】复选框，单击
【应用】按钮，查看结构变形的分析效果，如图 6-92 所示。

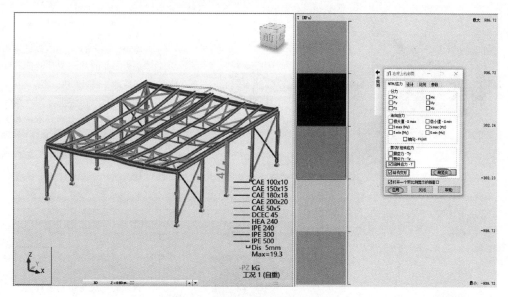

图 6-92 查看结构变形效果

第7章

BIMSpace 协同设计与建筑性能分析

 本章导读 《

在超大型建筑设计项目中，需要很多设计师协同设计才能确保整个项目的完整性与正确性。当建筑项目模型创建完成后，需要利用建筑专业规范与标准对建筑的防火、楼梯设计、结构图元、室内空间及建筑性能等进行检测和分析。

 案例展现 《

案 例 图	描 述
	BIMSpace 2021 为建筑设计师提供了更为专业的从施工、设计到装配式建筑的一整套解决方案。左图为利用 BIMSpace 2021 的【协同开洞】工具根据所获取的相关信息，协助设计师进行水管、风管、桥架等在墙壁、楼板中的洞口创建工作
	合理的建筑与结构设计离不开专业的、标准的规范指导。左图为利用 BIMSpace 2021 提供的规范检查相关工具，进行防火规范检查

7.1　BIMSpace 2021 协同设计功能

BIMSpace 2021 为建筑设计师提供更为专业的涵盖施工、设计、装配式建筑的整套解决方案。若要使用 BIMSpace 2021，需要在鸿业科技官网（http://bim. hongye. com. cn/index/xiazai. html）下载软件。

BIMSpace 2021 软件模块全部安装完成后，在计算机桌面上双击【鸿业乐建 2021】图标 ，自动启动 Revit 2020 软件和鸿业乐建 2021 软件，可以在欢迎界面中选择适合用户安装的 Revit 版本（Revit 2016 ~ Revit 2020），如图 7-1 所示。

图 7-1　在鸿业乐建软件欢迎界面中选择 Revit 版本

> **提示**　在笔者编写本教程时，BIMSpace 2021 软件支持的 Revit 最高版本为 2020 版。读者可持续关注鸿业科技官网，希望 BIMSpace 2021 软件能在不久后完美应用在 Revit 2021 软件上。

BIMSpace 2021 软件的所有功能位于 Revit 功能区的前面几个选项卡下，如图 7-2 所示。

图 7-2　包含 BIMSpace 2021 功能的多个选项卡

BIMSpace 2021 的协同设计功能位于【协同 \ 通用】选项卡下，如图 7-3 所示。接下来介绍【协同】面板中的协同设计工具命令及其用法。

图 7-3　BIMSpace 2021 协同设计功能

7.1.1   提资

【提资】工具用于读取提资文件信息（包括水管、风管、桥架及洞口等），按照提资进行洞口创建。

上机操作 【提资】的应用

01 打开本例源文件"机械电气项目.rvt"，如图7-4所示。

02 单击【提资】按钮，BIMSpace自动对建筑项目中的风管、水管、墙壁、地板等进行碰撞检查，如图7-5所示。

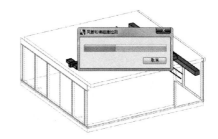

图7-4   打开项目文件   图7-5   碰撞检查

03 碰撞检查完毕后，弹出【提资】对话框。对话框中列出了该建筑项目中所有的提资洞口信息，如图7-6所示。

> **提示**   组合规则判断外扩，第一次为"方洞或圆洞外扩尺寸"，第二次外扩为"洞口组合容差"，例如图7-7所示的圆洞，先将其尺寸外扩50，再外扩洞口组合容差300，以此判断是否组合。

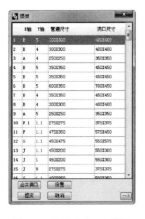

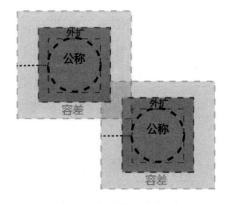

图7-6   【提资】对话框   图7-7   提资的组合规则

- 合并洞口：对洞口信息进行合并，导出提资信息供协同开洞读取以创建洞口。
- 设置：单击【设置】按钮，打开【提资设置】对话框，可设置提资洞口的相关尺寸。

- 提资：单击【提资】按钮，可以设置提资文件的保存路径，如图 7-8 所示。保存提资文件的格式为 xml。

图 7-8 保存提资文件

- 取消：单击此按钮，取消提资操作。

04 单击【合并洞口】按钮，接着单击【提资】按钮，保存提资信息，如图 7-9 所示。

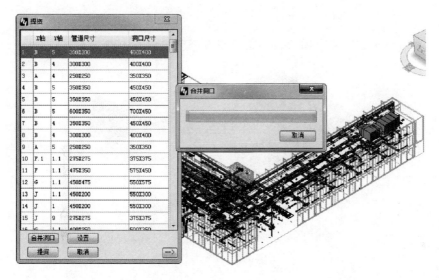

图 7-9 合并洞口完成提资

7.1.2 协同开洞

【协同开洞】工具可根据前面提资的信息，协助设计师进行水管、风管、桥架等在墙壁、楼板中的洞口创建。接前一个案例继续操作。

上机操作 【协同开洞】的应用

01 在【协同】面板中单击【协同开洞】按钮，弹出【开洞文件路径】对话框，从保存的提资文件路径下打开 xml 文件，单击【确定】按钮完成 xml 文件导入，如图 7-10 所示。

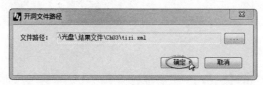

图 7-10 导入开洞文件

02 开始创建洞口预览，并弹出【开洞】对话框，如图 **7-11** 所示。

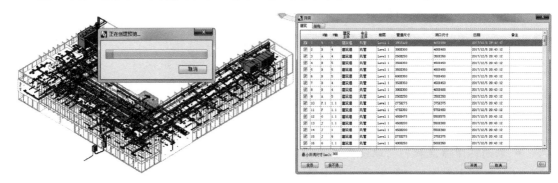

图 7-11　创建洞口预览

03 单击【开洞】按钮，BIMSpace 自动完成开洞，如图 **7-12** 所示。

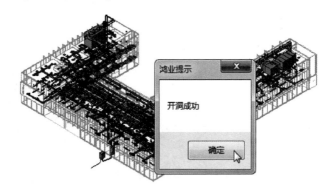

图 7-12　完成开洞

7.1.3　洞口查看

利用【洞口查看】工具可以查看洞口的开启状况。

上机操作　【洞口查看】的应用

01 单击【洞口查看】按钮，打开【查看洞口文件路径】对话框，导入提资文件，单击【确定】按钮，如图 **7-13** 所示。

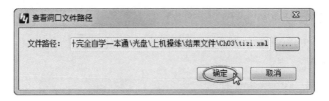

图 7-13　导入提资文件

02 创建模型组并弹出【查看】对话框，如图 **7-14** 所示。从对话框中可以看到，所有的洞口已开。

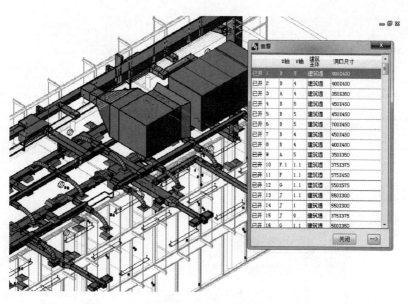

图 7-14　查看洞口信息

7.1.4　洞口删除和洞口标注

利用【洞口删除】工具可以对通过【协同开洞】创建的洞口按专业或时间等分类进行删除。利用【洞口标注】工具，可以对创建的洞口进行自动标注，如图 7-15 所示。

上机操作　【洞口删除】和【洞口标注】的应用

01　单击【洞口删除】按钮 ，弹出【洞口删除】对话框。

02　勾选列出的洞口选项，单击【删除洞口】按钮可将项目中所有的洞口删除，如图 7-16 所示。如果后面要进行洞口标注及创建留洞图，可暂不删除洞口。

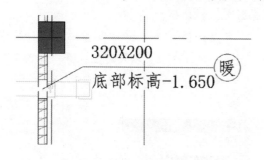

图 7-15　洞口标注形式

图 7-16　删除洞口

03　单击【洞口标注】按钮 ，弹出【切换视图】对话框。

04　选择要标注洞口的第一个视图，然后单击【打开视图】按钮，如图 7-17 所示。

05　在弹出的【洞口标记】对话框单击【确定】按钮，如图 7-18 所示。

06　自动创建洞口标记后，在弹出的【洞口标记】对话框中选择一个洞口标记，单击【查看】按钮进行查看，如图 7-19 所示。

图 7-17 选择视图

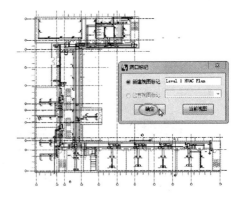

图 7-18 创建视图标记

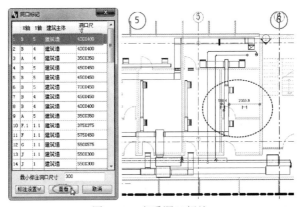

图 7-19 查看洞口标注

7.1.5 留洞图

此工具可以快速生成机电各专业提资留洞图。

01 单击【留洞图】按钮，弹出【创建留洞图】对话框。

02 在对话框中选择需要创建留洞图的视图，可以选择一个，也可以选择多个。单击
【设置】按钮，在【设置】对话框中可以选择洞口标注位置以及定位位置，如图 7-20
所示。

图 7-20 留洞设置

03 单击【创建留洞图】对话框中【确定】按钮，创建所选视图的留洞图（图中圈选部分为预留洞示意图），如图 7-21 所示。

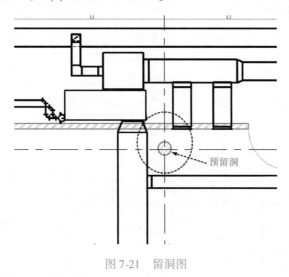

图 7-21　留洞图

04 保存结果文件。

7.2　规范检查

BIMSpace 2021 提供了防火规范检查、楼梯规范检查及模型检查等与建筑设计规范、安全相关的检查工具。

7.2.1　防火规范检查

BIMSpace 2021 中提供的防火规范检查功能依据的是 2015 年 5 月 1 日起执行的《建筑设计防火规范》GB 50016 – 2014。

> **提示**　可在本章源文件夹中打开参阅《建筑设计防火规范》（GB 50016—2014）。

BIMSpace 2021 的防火规范检查工具如图 7-22 所示。

图 7-22　防火规范检查工具

7.2.2　防火分区面积检测

1. 防火分区概述

防火分区是用具有较高耐火极限的墙和楼板等构件划分出的，能在一定时间内阻止火势向同一建筑的其他区域蔓延的防火单元。

防火分区的作用是阻止火势蔓延，为人员物资的疏散、火灾扑救提供条件。

（1）防火分区的划分

防火分区划分得过小，势必会影响建筑物的使用功能，划分得过大，则会起不到防火的作用。本章以民用建筑为例，介绍防火分区如何划分。

除本规范［《建筑设计防火规范》（GB 50016—2014）］另有规定外，不同耐火等级建筑允许建筑高度或层数、防火分区最大允许建筑面积应符合表 7-1 的规定。

表 7-1　防火分区最大面积

名　称	耐火等级	允许建筑高度或层数	防火分区的最大允许建筑面积/m²	备　注
高层民用建筑	一、二级	按本规范 5.1.1 条确定	1500	对于体育馆、剧场的观众厅，防火分区的最大允许建筑面积可适当增加
单、多层民用建筑	一、二级	按本规范 5.1.1 条确定	2500	
	三级	5 层	1200	
	四级	2 层	600	
地下室或半地下建筑（室）	一级	不限层数	500	设备用房的防火分区最大允许建筑面积不应大于 1000m²

注意

当建筑内设置自动灭火系统时，表中规定的防火分区最大允许建筑面积可增加 1.0 倍，局部设置自动灭火系统时，防火分区的增加面积可按该局部面积的 1.0 倍计算。

裙房与高层建筑主体之间设置防火墙时，裙房的防火分区可按单、多层建筑的要求确定。

建筑内设置自动扶梯、敞开楼梯等上、下层相连通的开口时，其防火分区的建筑面积应按上、下层向联通的建筑面积叠加计算，当叠加计算后的建筑面积大于本规范第 5.3.1 条的规定时，应划分防火分区。

（2）设置中庭

建筑内设置中庭时，其防火分区的建筑面积应按上、下层相连通的建筑面积叠加计算，叠加计算后的建筑面积大于本规范第 5.3.1 条的规定时，应符合下列规定。

1）与周围连通空间应进行防火分隔。

- 采用防火隔墙时，其耐火极限不应低于 1.00h。
- 采用防火玻璃墙时，其耐火隔热性和耐火完整性不应低于 1.00h。
- 采用耐火完整性不低于 1.00h 的非隔热性防火玻璃墙时，应设置自动喷水灭火系统进行保护。
- 采用防火卷帘时，其耐火极限不应低于 3.00h，并应符合本规范第 6.5.3 条的规定。
- 与中庭相连通的门、窗，应采用火灾时能自行关闭的甲级防火门、窗。

2）高层建筑内的中庭回廊应设置自动喷水灭火系统和火灾自动报警系统。

3）中庭应设置排烟设施。

4）中庭内不应布置可燃物。

5）防火分区之间应采用防火隔墙分隔，确有困难时，可采用防火卷帘等防火分隔设施分隔，采用防火卷帘分隔时，应符合本规范第 6.5.3 条的规定。

本规范第 6.5.3 条规定：防火分隔部位设置防火卷帘时，应符合下列规定。

- 除中庭外，当防火分隔部位的宽度不大于 30m 时，防火卷帘的宽度不应大于 10m；当防火分隔部位的宽度大于 30m 时，防火卷帘的宽度不应大于该部位宽度的 1/3，且不应大于 20m。
- 防火卷帘应具有火灾时靠自重自动关闭功能。
- 除本规范另有规定外，防火卷帘的耐火极限不应低于本规范对所设置部位墙体的耐火极限要求。
- 当防火卷帘的耐火极限符合现行国家标准《门和卷帘的耐火试验方法》GB/T 7633—2008 有关耐火完整性和耐火隔热性的判定条件时，可不设置自动喷水灭火系统保护。
- 当防火卷帘的耐火极限仅符合现行国家标准《门和卷帘的耐火试验方法》GB/T 7633—2008 有关耐火完整性的判定条件时，应设置自动喷水灭火系统保护。自动喷水灭火系统的设计应符合现行国家标准《自动喷水灭火系统设计规范》GB 50084—2017 的规定，但火灾延续时间不应小于该防火卷帘的耐火极限。
- 防火卷帘应具有防烟性能，与楼板、梁、墙、柱之间的空隙应采用防火封堵材料封堵。
- 需在火灾时自动降落的防火卷帘，应具有信号反馈的功能。
- 其他要求，应符合现行国家标准《防火卷帘》GB 14102—2005 的规定。

（3）一、二级耐火等级建筑

对于一、二级耐火等级建筑内的商店营业厅、展览厅，当设置自动灭火系统和火灾自动报警系统并采用不燃或难燃装修材料时，其每个防火分区的最大允许建筑面积应符合下列规定。

- 设置在高层建筑内时，不应大于 $4000m^2$。
- 设置在单层建筑或仅设置在多层建筑的首层内时，不应大于 $10000m^2$。
- 设置在地下或半地下时，不应大于 $2000m^2$。

（4）总建筑面积大于 $20000m^2$ 的地下或半地下

1）总建筑面积大于 $20000m^2$ 的地下或半地下商店，应采用无门、窗、洞口的防火墙、耐火极限不低于 2.00h 的楼板分隔为多个建筑面积不大于 $20000m^2$ 的区域。

2）相邻区域确需局部连通时，应采用下沉式广场等室外开敞空间、防火隔间、避难走道、防烟楼梯间等方式进行连通，并应符合下列规定。

- 下沉式广场等室外开敞空间应能防止相邻区域的火灾蔓延和便于安全疏散，并应符合本规范第 6.4.12 条的规定。
- 防火隔间的墙应为耐火极限不低于 3.00h 的防火隔墙，并应符合本规范第 6.4.13 条的规定。
- 避难走道应符合本规范第 6.4.14 条的规定。
- 防烟楼梯间的门应采用甲级防火门。

（5）顶棚的步行街链接

餐饮、商店等商业设施通过有顶棚的步行街链接，且步行街两侧建筑的最短距离需利用步行街进行安全疏散时，应符合下列规定。

1）步行街两侧建筑的耐火等级不应低于二级。

2）步行街两侧建筑相对面的最近距离，均不应小于本规范对相应高度建筑的防火间距且不应小于 9m。

3）步行街的端部在各层均不宜封闭，确需封闭时，应在外墙上设置可开启的门窗，且可开启门窗的面积不应小于该部位外墙面积的一半，步行街的长度不宜大于 300m。

4）步行街两侧建筑的商铺之间应设置耐火极限不低于 2.00h 的防火隔墙，每间商铺的建筑面积不宜大于 $300m^2$。

5）步行街两侧建筑的商铺，其面向步行街一侧的围护构件的耐火极限不应低于 1.00h，并宜采用实体墙，其门、窗应采用乙级防火门、窗。

- 当采用防火玻璃墙（包括门、窗）时，其耐火隔热性和耐火完整性不应低于 1.00h。
- 当采用耐火完整性不低于 1.00h 的非隔热性防火玻璃墙（包括门、窗）时，应设置闭式自动喷水灭火系统进行保护。
- 相邻商铺之间面向步行街一侧应设置宽度不小于 1.0m、耐火极限不低于 1.00h 的实体墙。

6）当步行街两侧的建筑为多个楼层时，每层面向步行街一侧的商铺均应设置防止火灾竖向蔓延的措施，并应符合本规范第 6.2.5 条的规定。

注意	设置回廊或挑檐时，其出挑宽度不应小于 1.2m，步行街两侧的商铺在上部各层需设置回廊和连接天桥时，应保证步行街上部各层楼板的开口面积不应小于步行街地面面积的 37%，且开口宜均匀布置。

7）步行街两侧建筑内的疏散楼梯应靠外墙设置并宜直通室外，确有困难时，可在首层直接通至步行街。

- 首层商铺的疏散门可直接通至步行街，步行街内任一点到达最近室外安全地点的步行距离不应大于 60m。
- 步行街两侧建筑二层及以上各层商铺的疏散门至该层最近疏散楼梯口或其他安全出口的直线距离不应大于 37.5m。

8）步行街的顶棚材料应采用不燃或难燃材料，其承重结构的耐火极限不应低于 1.00h，步行街内不应布置可燃物。

9）步行街的顶棚下檐距地面的高度不应小于 6.0m，顶棚应设置自然排烟设施并宜采用常开式的排烟口，且自然排烟口的有效面积不应小于步行街地面面积的 25%，常闭式自然排烟设施应能在火灾时手动和自动开启。

10）步行街两侧建筑的商铺外应每隔 30m 设置 DN65 的消火栓，并应配备消防软管卷盘或消防水龙，商铺内应设置自动喷水灭火系统和火灾自动报警系统；每层回廊均应设置自动喷水灭火系统，步行街内宜设置自动跟踪定位射流灭火系统。

11）步行街两侧建筑的商铺内外均应设置疏散照明、灯光疏散指示标志和消防应急广播系统。

注意	以上是民用建筑的防火分区的介绍，大家在装修的时候，一定要灵活运用，在设计、审核和检查时，必须结合工程实际严格执行。

2. 防火分区划分与面积检测案例

下面以某行政办公大楼一层的防火分区划分为例，详解操作流程。办公大楼共 5 层，属于低、多层民用建筑，采用防火墙、防火卷帘或加水幕保护、甲级防火门窗分割等措施，如图 7-23 所示。

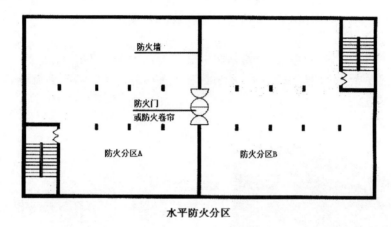

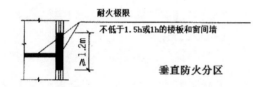

图 7-23　防火分区示意图

本例办公大楼一层的建筑总面积为 742.62m²，耐火等级为三级。一层平面图如图 7-24 所示。

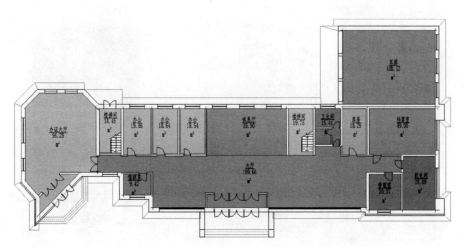

图 7-24　办公楼一层平面图

从防火的角度看，防火分区划分得越小，越有利于保证建筑物的防火安全，当然不能过分小。防火分区面积大小的确定应考虑建筑物的使用性质、重要性、火灾危险性、建筑物高度、消防扑救能力以及火灾蔓延的速度等因素。

鉴于此，按使用性质将办公楼一层划分为 3 个防火分区。

（1）车库、库房、档案室、配电间为一个防火分区（水平分区）。

（2）卫生间、大厅、办公室与办证大厅为一个防火分区（水平分区）。

（3）两个楼梯间为独立的一个防火分区（垂直分区）。

上机操作 **防火分区面积检测**

01 打开本例源文件"行政办公楼 . rvt"，办公楼模型如图 7-25 所示。

02 切换视图到"面积平面（防火分区面积）"下的 **F1** 楼层平面视图，如图 7-26 所示。

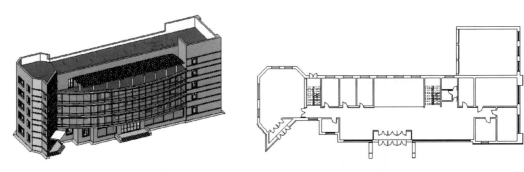

图 7-25　行政办公楼　　　　　　　　图 7-26　防火分区 F1 楼层平面视图

03 在【房间 \ 面积】选项卡下【面积】面板中单击【防火分区】按钮，弹出【生成防火分区】对话框。在对话框中设置【多选房间生成】绘制方式，然后选择车库、库房、档案室、配电间等房间，在选项栏中单击【完成】按钮，将自动生成防火分区，如图 7-27 所示。

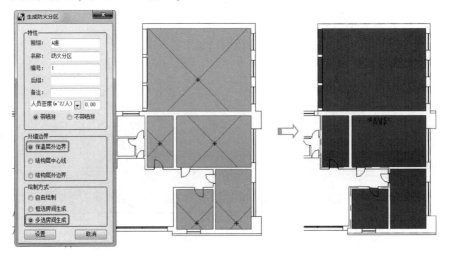

图 7-27　选择房间生成防火分区

04　接着选择楼梯间生成防火分区。之后选择其余房间生成一个防火分区。如果房间选取后不能自动生成防火区，可以在【生成防火分区】对话框中设置【自由绘制】的方式，手动绘制防火分区的区域。创建完成的防火分区如图 7-28 所示。

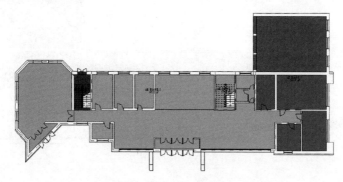

图 7-28　创建完成的防火分区

05　单击【颜色方案】按钮██，创建颜色方案图例，如图 7-29 所示。

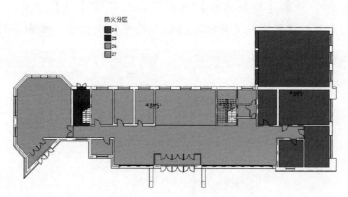

图 7-29　创建颜色图例

06　选中颜色图例，单击【编辑方案】按钮██，弹出【编辑颜色方案】对话框。在【方案定义】选项区中选择【颜色】列表中的【区域编号】选项，单击【应用】按钮应用新的颜色方案，如图 7-30 所示。

图 7-30　编辑颜色方案

07 应用新的颜色方案后的防火分区如图 7-31 所示。

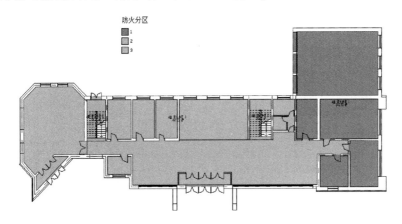

图 7-31　应用新颜色方案后的防火分区

08 在【规范 \ 模型检查】选项卡下【防火规范检查】面板中单击【防火分区面积检测】按钮 ，弹出【楼层选择】对话框。仅勾选【F1】楼层，单击【确定】按钮，系统自动检测防火分区并弹出【检测结果】对话框，如图 7-32 所示。

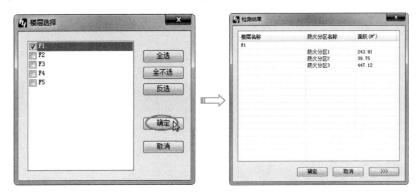

图 7-32　防火分区检测

09 在【检测结果】对话框下方单击展开按钮 ，展开【检测结果】对话框，显示【参考规范】。根据规范来对照防火分区检测结果，如图 7-33 所示。

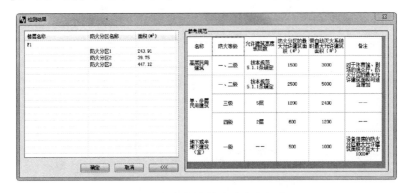

图 7-33　参考建筑设计防火规范

7.2.3　防火门检测

防火门的检测项目包括等级检测、方向检测和标注检测。防火门的检测只能在楼层平面视图中进行。

🖱️上机操作　**防火门的检测**

01　接上一案例，或者打开源文件"行政办公楼 – 1. rvt"。

02　切换到 F1 楼层平面视图。在【模型 \ 检查】选项卡下【防火规范检查】面板中单击【防火门等级检测】按钮，弹出【楼层选择】对话框。勾选除【室外地坪】外其他所有楼层，单击【确定】按钮，如图 7-34 所示。

03　系统自动搜索楼层中的所有门族，并弹出【防火门等级检测】对话框，对话框中列出当前 F1 楼层的 4 种门族，如图 7-35 所示。

图 7-34　选择楼层

图 7-35　【防火门等级检测】对话框

04　列出的门族并非防火门。选中编号为 1，名称为"M – 2"的门族，单击【防火构件】按钮，在弹出的【族替换】对话框中设置【族库】选项，并选择【单扇钢制防火门】选项，单击【确定】按钮将自动完成所有门族的替换，如图 7-36 所示。

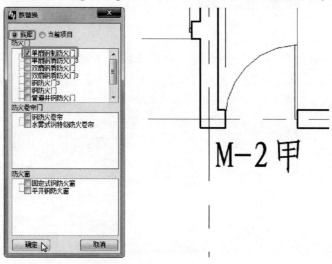

图 7-36　完成防火门族替换

05 在【防火等级检测】对话框的【标线下防火墙】选项卡下列出了所有楼层中标高线以下的防火墙，单击【防火墙封闭】按钮，可将楼层中没有封闭的防火墙自动封闭，如图 7-37 所示。单击【确定】按钮完成防火门的等级检测。

06 在【防火规范检查】面板中单击【防火门方向检测】按钮，弹出【楼层选择】对话框。单击【全选】按钮和【确定】按钮，确定所选楼层，如图 7-38 所示。

图 7-37　完成防火门的检测　　　　　　　图 7-38　选择要检测的楼层

07 在弹出的【防火门方向检测】对话框中发现有两种门族不支持链接门定位，需要进行修改。单击【全选】按钮和【修改】按钮，系统自动完成方向检测并修改所选的门族，修改完成后将不会有门族显示在列表中，如图 7-39 所示。

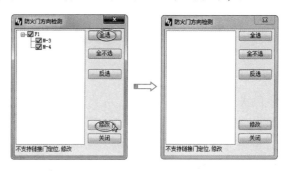

图 7-39　完成防火门方向检测

08 单击【防火门标注检测】按钮，弹出【楼层选择】对话框。单击【全选】按钮和【确定】按钮，弹出【防火门未标注检测结果】对话框。单击【全选】按钮和【确定】按钮，系统自动完成所有防火门的标注，如图 7-40 所示。

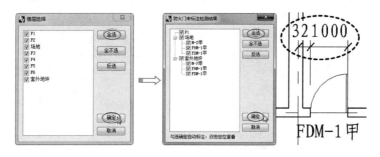

图 7-40　防火门标注检测

7.2.4　前室面积检测

"前室"是设置在人流进入消防电梯、防烟楼梯间或者没有自然通风的封闭楼梯间之前的过渡空间，如图 7-41 所示。

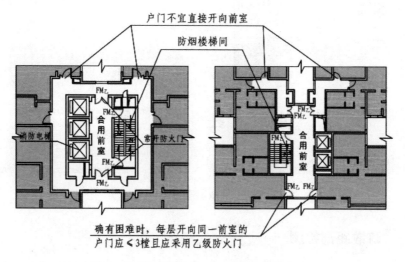

图 7-41　楼层电梯、防烟楼梯间前室示意图

上机操作　**前室面积检测**

01　单击【前室面积检测】按钮，弹出【楼层选择】对话框。选择要检测的楼层，单击【确定】按钮，弹出【前室检查结果】对话框，如图 7-42 所示。

02　对话框中列出所有含有前室的楼层，可以单击【手动添加】按钮，在弹出的【手动添加前室】对话框中设置添加前室的操作方式和类型属性，如图 7-43 所示。

图 7-42　楼层选择

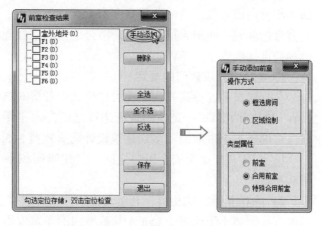

图 7-43　手动添加前室

03　手动添加前室后，勾选所有楼层（或单击【全选】按钮），然后单击【保存】按钮，对列表中的前室数据进行储存，并完成前室的面积检测操作，稍后系统会给出检测结果，如图 7-44 所示。最后单击【确定】按钮确认检测结果。

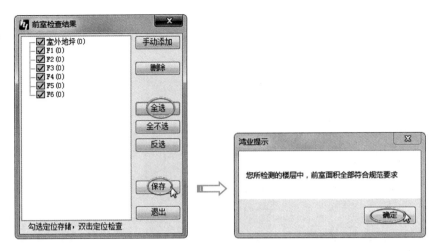

图 7-44　完成前室的面积检测

7.2.5 **疏散距离检测**

民用建筑应根据其建筑高度、规模、使用功能和耐火等级等因素合理设置安全疏散和避难设施。安全出口和疏散门的位置、数量、宽度及疏散楼梯间的形式应满足人员安全疏散的要求。

建筑的安全疏散和避难设施主要包括疏散门、疏散走道、安全出口或疏散楼梯（包括室外楼梯）、避难走道、避难间或避难层、疏散指示标志和应急照明，有时还要考虑疏散引导广播等。

安全出口和疏散门的位置、数量、宽度，疏散楼梯的形式和疏散距离，避难区域的防火保护措施，对于人员安全疏散至关重要。而这些与建筑的高度、楼层或一个防火分区、房间的大小及内部布置、室内空间高度和可燃物的数量、类型等关系密切。设计时应区别对待，充分考虑区域内使用人员的特性，结合上述因素合理确定相应的疏散和避难设施，为人员疏散和避难提供安全的条件。

1. 建筑设计疏散门的规定

公共建筑和通廊式非住宅类居住建筑中各房间疏散门的数量应经计算确定，且不应少于2个，该房间相邻2个疏散门最近边缘之间的水平距离不应小于5m。当符合下列条件之一时，可设置1个疏散门（多层建筑设计防火规范5.3.8）。

1）房间位于2个安全出口之间，且建筑面积小于或等于120m²，疏散门的净宽度不小于0.9m。

2）除托儿所、幼儿园、老年人建筑外，房间位于走道尽端，且由房间内任一点到疏散门的直线距离小于或等于15m，其疏散门的净宽度不小于1.4m。

3）歌舞娱乐放映游艺场所内建筑面积小于或等于50m²的房间。

4）剧院、电影院和礼堂的观众厅，其疏散门的数量应经计算确定，且不应少于2个。每个疏散门的平均疏散人数不应超过250人；当容纳人数超过2000人时，其超过2000人的部分，每个疏散门的平均疏散人数不应超过400人（多层建筑设计防火规范5.3.9）。

地下、半地下建筑（室）房间疏散门的设置应符合下列规定（多层建筑设计防火规范 5.3.12）。

1）房间建筑面积小于或等于 50m² ，且经常停留人数不超过 15 人时，可设置 1 个疏散门。

2）歌舞娱乐放映游艺场所的安全出口不应少于 2 个，其中每个厅室或房间的疏散门不应少于 2 个。当其建筑面积小于或等于 50m² 且经常停留人数不超过 15 人时，可设置 1 个疏散门。

体育馆的观众厅，其疏散门的数量应经计算确定，且不应少于 2 个，每个疏散门的平均疏散人数不宜超过 400～700 人（多层建筑设计防火规范 5.3.10）。

人员密集的厅、室疏散出口总宽度，应按其通过人数 1.00m/百人计算（高层建筑设计防火规范 6.1.12.3）。

高层建筑内的观众厅、展览厅、多功能厅、餐厅、营业厅和阅览室等，其室内任何一点至最近的疏散出口的直线距离，不宜超过 30m；其他房间内最远一点至房门的直线距离不宜超过 15m（高层建筑设计防火规范 6.1.7）。

公共建筑中位于两个安全出口之间的房间，当其建筑面积不超过 60m² 时，可设置一个门，门的净宽不应小于 0.90m。公共建筑中位于走道尽端的房间，当其建筑面积不超过 75m² 时，可设置一个门，门的净宽不应小于 1.40m（高层建筑设计防火规范 6.1.8）。

高层建筑地下室、半地下室的安全疏散，房间面积不超过 50m² ，停留人数不超过 15 人的房间，可设一个门（高层建筑设计防火规范 6.1.12.2）。

2. 疏散距离的规定

（1）营业厅内任何一点至最近安全出口的直线距离不宜大于 30m，且行走距离不应大于 45m。

（2）高层建筑内的观众厅、展览厅、多功能厅、餐厅、营业厅和阅览室等，其室内任何一点至最近的疏散出口的直线距离，不宜超过 30m；其他房间内最远一点至房门的直线距离不宜超过 15m。

（3）楼梯间的首层应设置直通室外的安全出口或在首层采用扩大封闭楼梯间。当层数不超过 4 层时，可将直通室外的安全出口设置在离楼梯间小于或等于 15m 处。

（4）房间内任一点到该房间直接通向疏散走道的疏散门的距离，不应大于表 7-2 中规定的袋形走道两侧或尽端的疏散门至安全出口的最大距离。

表 7-2　直接通向疏散走道的房间疏散门至最近安全出口的最大距离（单位：m）

名称	位于两个安全出口之间的疏散门			位于袋形走道两侧或尽端的疏散门		
	耐火等级			耐火等级		
	一、二级	三级	四级	一、二级	三级	四级
托儿所、幼儿园	25	20		20	15	
医院、疗养院	35	30		20	15	
学校	35	30		22	20	
其他民用建筑	40	35	25	22	20	15

注意	一、二级耐火等级的建筑物内的观众厅、多功能厅、餐厅、营业厅和阅览室等，基室内任何一点至最近安全出口的直线距离不大于30m。 敞开式外廊建筑的房间疏散门至安全出口的最大距离可按本表增加5m。 建筑物内全部设置自动喷水灭火系统时，其安全疏散距离可按本表规定增加25%。 房间内任一点到该房间直接通向疏散走道的疏散门的距离计算：住宅应为最远房间内任一点到户门的距离，跃层式住宅内的户内楼梯的距离可按其梯段总长度的水平投影尺寸计算。

3. BIMSpace 2021 疏散距离检测工具

【规范 \ 模型检查】选项卡下【防火规范检查】面板中的疏散距离检测工具如图7-45所示。

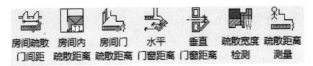

图7-45 疏散距离检测工具

下面仍以办公大楼项目的疏散距离检查为例，详细介绍操作过程。

上机操作 疏散距离检测

01 打开本例源文件"行政办公大楼 – 2. rvt"，如图7-46所示。切换到楼层平面 F1 视图。

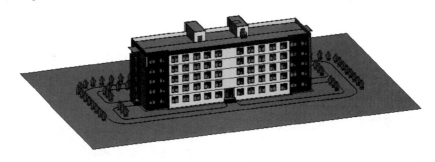

图7-46 行政办公大楼

02 房间疏散门间距检测。单击【房间疏散门间距】按钮，在弹出的【楼层选择】对话框中勾选所有楼层，单击【确定】按钮，随后系统提示没有找到前室，可以单击【是】按钮重新检查，将结果显示在【前室检查结果】对话框中，如图7-47所示。

03 单击【保存】按钮，弹出【疏散门间距检测】对话框，其中列出所有楼层中疏散门的间距检测结果，如图7-48所示。在【规范值】列中，系统根据新规范列出疏散的规范值，在【设计值】列中则列出了当前项目中疏散门的实际值，对于间距值相差不大的门，可以忽略，对于间距值相差较大的门，可以进行适当修改。

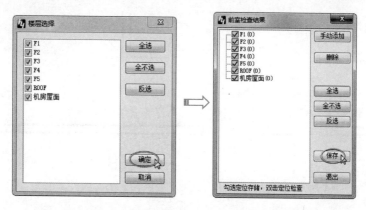

图 7-47　选择楼层并进行前室检查

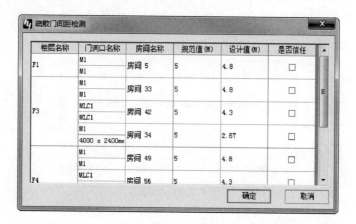

图 7-48　【疏散门间距检测】对话框

04　对于接近规范值的门，可以在【信任】列中勾选对应的复选框，相差较大的门主要出现在 F3 和 F4 楼层。单击【确定】按钮关闭对话框。切换到 F3 楼层，并重新进行【房间疏散门间距】检查，检查结果中仅显示不被信任的门间距值，如图 7-49 所示。在【门洞口名称】列中双击 F3 楼层中的 M1 门族，可以切换到 F3 楼层平面视图中的 M1 门位置。

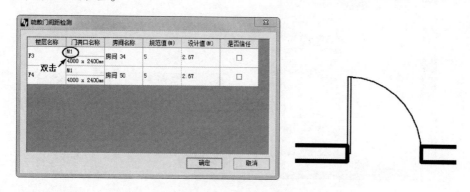

图 7-49　重新检查疏散门间距

05 关闭对话框，在楼层平面视图中对门位置进行修改，如图 7-50 所示。

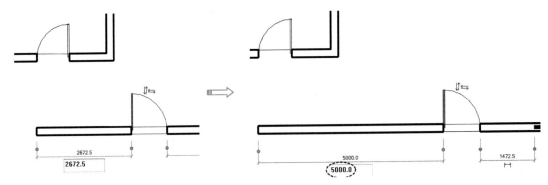

图 7-50 修改门位置

06 此时重新进行房间疏散门距离检查，系统会提示 F3 楼层中所有房间疏散门全部满足规范要求，如图 7-51 所示。同理，切换到 F4 楼层平面视图中，对 M1 疏散门进行相同的修改。

图 7-51 再次检查房间疏散门间距

07 房间内疏散距离检测。切换到 F1 楼层平面视图。单击【房间内疏散距离】按钮，在【楼层选择】对话框中勾选所有楼层，单击【确定】按钮，在弹出的【建筑类型】对话框中设置建筑类型和耐火等级，单击【确定】按钮，如图 7-52 所示。

提示 | 要进行房间内疏散距离检测，必须先创建防火分区面积。

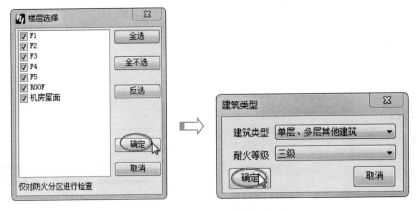

图 7-52 选择楼层并设置建筑类型

08 系统会给出提示：均符合规范，如图 7-53 所示，说明办公楼的房间内的疏散距离设置是符合建筑防火规范的。

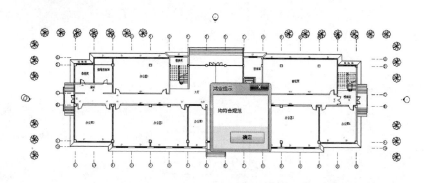

图 7-53　完成房间内疏散距离检测

09 房间门疏散距离检测。单击【房间门疏散距离】按钮，在弹出的【楼层选择】对话框中选择所有楼层，单击【确定】按钮，然后在弹出的【建筑类型】对话框中设置建筑类型和耐火等级，如图 7-54 所示。

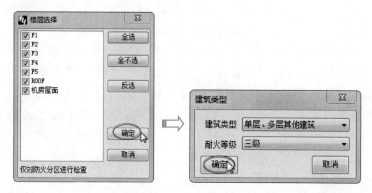

图 7-54　选择楼层并设置建筑类型

10 系统会给出提示：疏散距离全部符合规范，如图 7-55 所示，说明整栋办公楼的房间门疏散距离是符合建筑防火规范的。

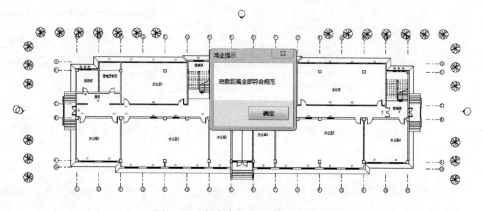

图 7-55　完成房间门疏散距离检测

11 水平门窗距离检查（测量建筑水平方向相邻防火分区间的门窗距离来判断是否满足规范要求）。单击【水平门窗距离】按钮，在弹出的【选择视图】对话框中勾选所有楼层平面视图，单击【确定】按钮，随后系统提示检测的楼层中门窗洞口的水平距离全部满足规范要求，如图 7-56 所示。

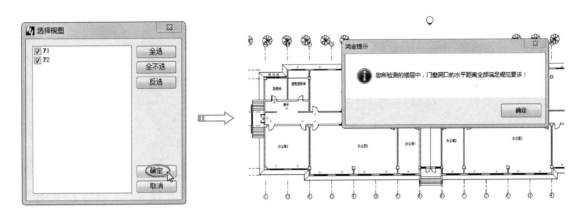

图 7-56　水平门窗距离检查

12 垂直门窗距离检查（测量建筑垂直方向相邻的门窗距离来判断是否满足规范要求）。单击【垂直门窗距离】按钮，在弹出的【选择视图】对话框中勾选所有楼层平面视图，单击【确定】按钮，在弹出的【垂直距离检测喷淋信息】对话框中选择【是】选项，单击【确定】按钮，系统自动完成检测，如图 7-57 所示。

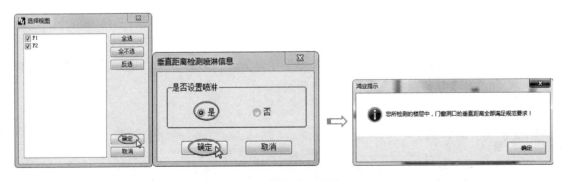

图 7-57　垂直门窗距离检查

提示　　要进行垂直门窗距离检查，必须选择两个或以上的楼层才能完成此操作。

13 疏散宽度检测（消防安全出口的宽度检测）。单击【疏散宽度检测】按钮，在弹出的【楼层选择】对话框中勾选所有楼层，单击【确定】按钮，然后在弹出的【建筑类型】对话框中设置建筑类型和耐火等级，如图 7-58 所示。

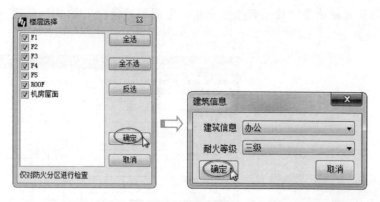

图 7-58　选择楼层并设置建筑类型

> **提示**
>
> 　　疏散宽度是按照百人疏散的宽度指标进行计算的，是在允许疏散时间内，以单股人流形式疏散所需的疏散宽度。计算公式如下。
>
> $$百人疏散宽度 = \frac{N}{A \times T} \times B$$
>
> N：疏散人数（100 人）。
> T：允许疏散时间（min）。
> A：单股人流同行能力（平、坡地面为 43 人/min，阶梯地面为 37 人/min）。
> B：单股人流密度（0.55～0.6m）。

14 系统给出检测结果，如图 7-59 所示。根据得到的结果，结合建筑防火规范中的疏散宽度规定，若发现【设计宽度】值不符合要求，则对结果进行更改。本例中有 2 个防火分区的设计宽度（疏散宽度为 0）不符要求，实际上是在创建防火分区时用房间分隔法进行创建的，没有前室及防火门，所以显示疏散宽度为 0。楼梯间与走廊通道连接在一起，不存在疏散问题。在【是否信任】列表中勾选所有防火分区，并在对话框底部单击【信任】按钮，结束检测操作。

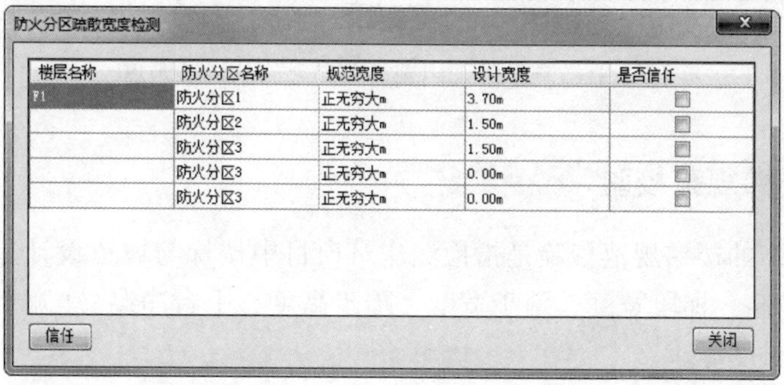

楼层名称	防火分区名称	规范宽度	设计宽度	是否信任
F1	防火分区1	正无穷大m	3.70m	
	防火分区2	正无穷大m	1.50m	
	防火分区3	正无穷大m	1.50m	
	防火分区3	正无穷大m	0.00m	
	防火分区3	正无穷大m	0.00m	

图 7-59　疏散宽度检测结果

15 疏散距离测量。单击【疏散距离测量】按钮，弹出【疏散距离检测结果】对话框。此对话框是一个测量工具，测量前可单击【参考规范】按钮，在弹出的【规范检查】对话框中查询疏散距离规范。例如，本例是多层建筑，耐火等级为三级，而即将要测量的是"位于两个安全出口之间的疏散门"的直线距离（为 35m），如图 7-60 所示。

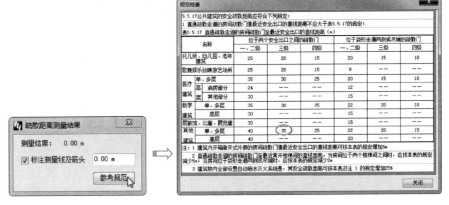

图 7-60　查看规范

16　单击【关闭】按钮，然后在 F1 楼层平面视图中将测量起点选取在前大门，测量终点选取在后大门，得到测量结果，如图 7-61 所示。测量结果没有超出规定最大值，说明是符合疏散距离规范的。

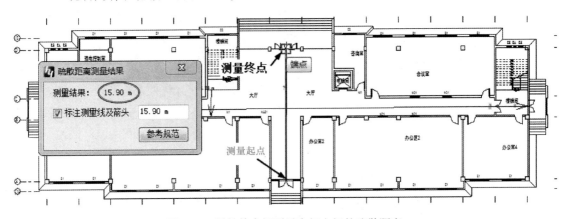

图 7-61　测量前大门到后大门之间的疏散距离

7.2.6　楼梯规范校验

　　BIMSpace 2021 的楼梯规范校验是指检测建筑项目中楼梯与坡道设计是否符合建筑设计规范，比如楼梯净高、梯段宽度、踏步宽度、踏步高度、平台净高\净宽、坡道高度\宽度\长度\坡度及水平长度等。

上机操作　楼梯规范校验

01　打开本例源文件"行政办公楼 – 3. rvt"。切换到 F1 楼层平面视图。

02　在【楼梯规范校验】面板中单击【楼梯规范校验】按钮，弹出【楼梯/坡道检测】对话框，如图 7-62 所示。

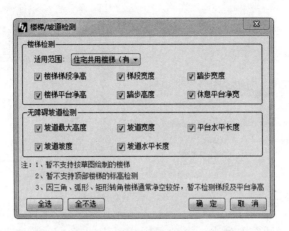

图 7-62　【楼梯/坡道检测】对话框

03 在【适用范围】列表中选择【办公】类型，单击【全选】按钮自动勾选所有选项，单击【确定】按钮，系统自动检测项目中所有楼层的楼梯及坡道，并给出检测结果，如图 7-63 所示。单击【确定】按钮确认结果。

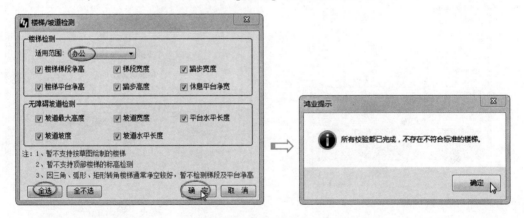

图 7-63　楼梯及坡道的规范检测

7.2.7　模型检查

模型检查工具用于对项目模型中的图元进行属性对比、误差检查、连接处理及图形操作等。

1. 模型对比

【模型对比】是对加载的两个模型进行族、属性字段等对比。单击【模型对比】按钮，弹出【模型对比】对话框。单击【加载文件 1】按钮和【加载文件 2】按钮，分别载入要进行对比的模型文件，单击【开始对比】按钮，得出模型对比结果，如图 7-64 所示。

提示	可以勾选【模型对比】对话框中的【当前项目】复选框，与加载的文件 2 进行对比。

图 7-64　模型对比

【模型对比结果】对话框中列出两个项目中相对应的族，这些对比的族以红色字体显示。选择一个对比中的族（红色字体），单击【详细信息】按钮可查看对比信息，如图 7-65 所示。若单击【导出报告】按钮，可将模型对比结果导出为 Excel 文件，如图 7-66 所示。

图 7-65　查看对比信息

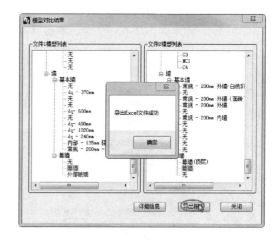

图 7-66　导出报告

2. 提资对比

【提资对比】 通过对比前后提资的两个 Revit 文件，提示两个文件中存在的差异。单击【提资对比】按钮，弹出【提资对比】对话框，单击【加载文件】按钮，载入要与当前项目进行提资对比的 Revit 文件，单击【确定】按钮，完成提资对比，如图 7-67 所示。

图 7-67　提资对比

3. 链接模型对比

【链接模型对比】工具🔲用来对比链接模型中的墙体，当墙体结构层与结构墙发生重合时，则以链接结构墙为主，对建筑墙体进行物理扣减。单击【链接模型对比】按钮🔲，系统自动完成链接模型的对比，并弹出提示对话框，如图 7-68 所示。

图 7-68　链接模型对比

4. 误差墙检查

当链接模型的墙体与墙中心线错位时，可以使用【误差墙检查】工具═🔲进行检查，检查出误差小于 0.8mm 的墙体，如图 7-69 所示。

图 7-69　误差墙检查

5. 连接处理

利用【连接处理】工具🔲可以自动对项目中的墙、梁、柱等进行连接处理。单击【连接处理】按钮🔲，弹出【构件连接检测】对话框。在该对话框中可以选择框选构件、设置当前层的所有构件或者整个项目的构件，单击【确定】按钮，在弹出的【楼层选择】对话框中勾选所有楼层，单击【确定】按钮，弹出【未处理检测结果】对话框。

单击【处理】按钮，自动完成项目中所有构件的连接，如图 7-70 所示。

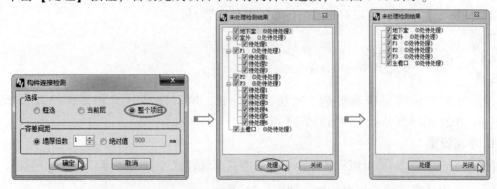

图 7-70　构件自动连接

6. 模型扣减

【模型扣减】工具 🗐 用于设定柱墙梁板之间的扣减关系。单击【模型扣减】按钮 🗐，弹出【选择】对话框。单击【设置】按钮可查看模型扣减规则，如图 7-71 所示。

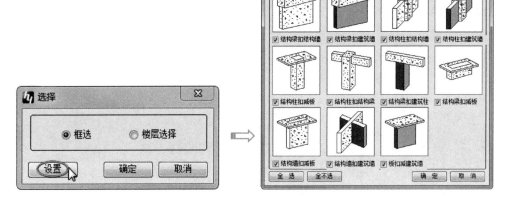

图 7-71　查看模型扣减规则

选择一种或多种扣减规则后，单击【确定】按钮，返回【选择】对话框，可选择如下两种选择方式。

- 框选：框选要进行模型扣减的结构件。
- 楼层选择：在弹出的【楼层选择】对话框中选择要进行模型扣减操作的楼层。

选择【楼层选择】方式，选择所有楼层进行扣减操作，随后系统给出【模型扣减完成】提示信息，如图 7-72 所示。

7. 取消扣减

可以利用【取消扣减】工具 🗐 手动选择要取消扣减的构件实体。

8. 连接几何图形

【连接几何图形】工具 🗐 等同于 Revit【修改】选项卡下【连接几何图形】工具，可以对图元进行布尔求和运算。

图 7-72　模型扣减完成提示

7.3 净高分析

净高分析包括楼层净高分析、夹层净高分析、窗口净高分析和楼梯净高分析等。BIMSpace 2021 的净高分析工具如图 7-73 所示。

1. 净高设置

【净高设置】工具 🗐 可以设置净高平面、净高标注样式及板类型等。单击【净高设置】按钮 🗐，弹出【净高设置】对话框，如图 7-74 所示。

图 7-73　净高分析工具

图 7-74　【净高设置】对话框

对话框中各选项含义如下。

- 填充方案：以填充图案形式来填充净高平面。单击【填充方案】按钮，弹出【图案填充方案】对话框，可以查看各净高平面代表的净高值、颜色、可见性、填充样式及图案等，如图 7-75 所示。若单击【清空方案】按钮，然后单击【方案添加】按钮 ✚，则可以创建颜色填充方案。

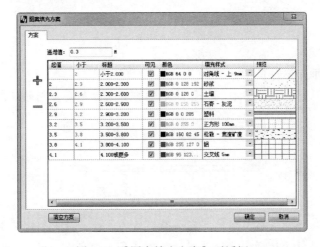

图 7-75　【图案填充方案】对话框

- 颜色方案：单击此按钮，则以填充颜色形式来填充净高平面，如图 7-76 所示。

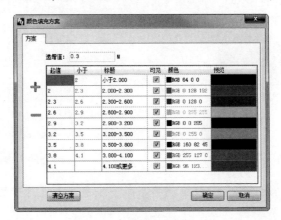

图 7-76　颜色填充方案

- 净高值标注：勾选此复选框，净高平面创建完成后将自动完成标注。
- 方案图例：勾选此复选框，净高平面创建完成后将创建颜色图例。
- 更新当前视图中已完成的布置：勾选此复选框，单击【确定】按钮将净高设置更新到当前的视图中。
- 类型设置：单击此按钮，可以设置检测的楼板类型。如果不选择楼板，将不会对项目进行净高分析。

2. 净高检查

【净高检查】工具 用于对所选房间或区域的楼层净高进行分析检查。单击【净高检查】按钮 ，弹出【净高检测方式】对话框，如图 7-77 所示。

图 7-77 【净高检测方式】对话框

对话框中各选项含义如下。

- 区域绘制：选择此选项，将利用区域绘制工具来绘制要检测的范围，如图 7-78 所示。

图 7-78 区域绘制工具

- 区域选择：选择此选项，通过净高平面区域的选择来确定检测范围，如图 7-79 所示。
- 楼层标高：选择此选项，通过楼层标高的选择来确定检测范围，如图 7-80 所示。

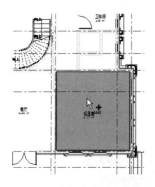

图 7-79 选择净高平面区域

图 7-80 选择楼层标高

- 框选房间：选择此选项，可以框选单个或多个房间来进行净高检测（前提是先生成房间）。

选择一种检测方式后，单击【确定】按钮，选取检测范围，随后弹出【净高检测】对话框，如图 7-81 所示。此对话框将列出满足【最低净高】值或不满足此值的所有构件。可以设置【最低净高】值，并单击【刷新】按钮，重新检测净高。

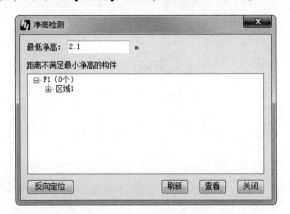

图 7-81　【净高检测】对话框

3. 净高平面

【净高平面】工具用于创建净高分析的平面。创建净高平面后，将按照前面【净高设置】中的填充和标注设置进行显示。

切换到某一楼层平面视图中（如 F1 层）。单击【净高平面】按钮，弹出【净高平面绘制】对话框，如图 7-82 所示。

- 区域绘制：选择此选项，将利用区域绘制工具来绘制净高平面区域。

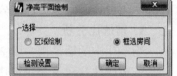

图 7-82　【净高平面绘制】对话框

- 框选房间：框选单个或多个房间来创建净高平面。

若没有创建房间，则可以使用【区域绘制】方式；若已经创建房间，则使用【框选房间】方式会比较便捷。单击【确定】按钮，区域绘制或者框选房间，单击选项栏中【完成】按钮，系统自动创建净高平面，如图 7-83 所示。

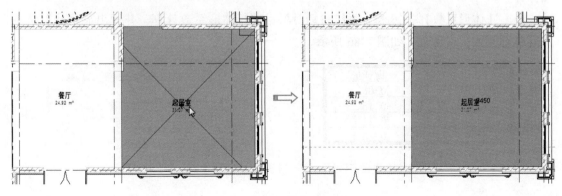

图 7-83　创建净高平面

创建净高平面后，在项目浏览器的视图树【楼层平面】节点中会生成该楼层的"净高分析图－F1"平面视图，如图 7-84 所示。

图 7-84　自动创建的"净高分析图 – F1"平面视图

4. 净高刷新

当重新创建净高平面并修改净高值后，单击【净高刷新】按钮 ，可将修改应用到项目中。

7.4　性能分析

BIMSpace 2021 的性能分析工具可提供项目的窗墙比的粗略计算和项目体系参数的粗略计算，供设计师参考。性能分析工具包括窗墙比分析工具和体形系数分析工具。

1. 窗墙比分析

窗墙比中的墙是指一层室内地坪线至屋面高度线（不包括女儿墙和勒脚高度）的围护结构。窗墙比是建筑和建筑热工节能设计中常用到的一种指标。单击【窗墙比分析】按钮 ，系统会自动计算整个项目中的窗墙比，并自动生成窗墙比表格，如图 7-85 所示。

2. 体形系数分析

建筑物与室外大气接触的外表面积与其所包围的体积的比值就是"体形系数"。

外表面积中，不包括地面和不采暖楼梯间隔墙和户门的面积，不包括女儿墙，也不包括屋面层的楼梯间与设备用房等的墙体。突出墙面的构件如空调板在计算时忽略掉，按完整的墙体计算。

单击【体形系数】按钮 ，系统自动对项目进行体形系数计算，并弹出显示计算结果的【体形系数】对话框，如图 7-86 所示。

窗墙比	方向	设计值
	东	0.06
	南	0.15
	西	0.11
	北	0.18

图 7-85　自动生成的窗墙比表格

图 7-86　【体形系数】对话框